Lecture Notes in Mathematics

An informal series of special lectures, seminars and reports on mathematical topics

Edited by A. Dold, Heidelberg

2

Armand Borel

Institute for Advanced Study, Princeton N.J.

Cohomologie des espaces localement compacts

d'après J. Leray

Exposés faits au Séminaire de Topologie algébrique de l'Ecole Polytechnique Fédérale au printemps 1951

Troisième Edition, 1964

1964

Springer-Verlag · Berlin · Göttingen · Heidelberg

 Library of Congress Catalog Card Number 64–24746. Printed in Germany. Titel NR. 7322

Druck: Beltz, Weinheim

Introduction à la première édition

Ces exposés sont consacrés à la théorie des invariants topologiques d'un espace localement compact et d'une application continue édifiée par J. Leray (Jour.Math.pur.appl. 29 (1950), 1-139, 169-213). Ils se répartissent en deux groupes; les cinq premiers exposés développent ce que l'on peut appeler une théorie axiomatique de la cohomologie de Cech-Alexander d'un espace localement compact (à coefficients dans un faisceau et à supports compacts). Pour faire apparaître aussi clairement et aussi rapidement que possible les idées essentielles, on a tout d'abord traité le cas des coefficients constants, pour lequel le théorème d'unicité fondamental est obtenu dans l'exp.III, No 3; les Exp. I et II donnent des notations préliminaires, algébriques et topologiques, l'Exp.IV des applications; l'Exp.V introduit les faisceaux (qui en un certain sens généralisent les systèmes locaux de Steenrod) et établit le théorème d'unicité pour la cohomologie par rapport à un faisceau.

Pour ne pas trop allonger les préliminaires on a évité dans cette première partie d'utiliser la notion d'algèbre spectrale; elle n'y interviendrait du reste que dans des cas particuliers et nous lui avons substitué un raisonnement par récurrence, antérieurement employé par J. Leray (cf. Exp.I, p.7); remarquons tout de même que si ces moyens suffisent pour obtenir le théorème d'unicité, l'emploi de l'algèbre spectrale et des faisceaux permet de démontrer plus simplement le lemme du No 6 de l'Exp.III. Cependant l'algèbre spectrale d'une algèbre différentielle filtrée est une notion extrêmement importante et en particulier essentielle pour la deuxième partie, consacrée aux applications continues, aussi l'Exp. VI en donne-t-il la définition et les principales propriétés.

L'Exp. VII définit et étudie l'algèbre spectrale (E_r) d'une application continue $f : X \longrightarrow Y$, (X,Y espaces localement compacts); il s'agit très en gros d'une suite d'algèbres différentielles bigraduées reliant l'algèbre de cohomologie E_2 de Y par rapport à un certain faisceau à la cohomologie de X (Exp. VII, p.4). Cet exposé donne en outre quelques rectifications aux exposés précédents. L'Exp. VIII étudie le cas particulier où f est la projection d'un espace fibré sur sa base, le terme E_2 prend alors une forme très simple; enfin, l'Exp. IX donne des applications de cette théorie aux espaces fibrés. On recommande de sauter en première lecture les démonstrations des Exp. VII, VIII et de lire l'Exp. IX dès que l'on connaît les définitions qui permettent de comprendre les résultats rappelés au No 1.

A. Borel

Introduction à la deuxième édition.

La première édition de ces Notes se proposait d'établir de manière aussi directe et aussi élémentaire que possible les principaux résultats de la théorie de Leray (J.Math.Pures Appl. 29, 1-139, 169-213 (1950)). Depuis, cette théorie a été considérablement généralisée par H. Cartan (Sém. E.N.S. 1950-51), dont l'Exposé est maintenant bien connu, et paraissait devoir rendre ces Notes superflues. Cependant, d'assez nombreuses demandes reçues après épuisement de la 1ère édition semblent indiquer qu'elles peuvent encore présenter une certaine utilité; c'est pourquoi on en a fait une deuxième édition, en lui conservant son caractère élémentaire, et en particulier sans sortir du cadre de la cohomologie à supports compacts des espaces localement compacts. Sinon en effet, elles ne pourraient que faire double emploi avec un livre en préparation de R. Godement, où la théorie des faisceaux sera exposée avec le maximum de généralité.

A part l'intégration dans le texte de divers compléments et errata ajoutés après coup dans la première édition, les principaux changements apportés sont les suivants:

1) Introduction d'une modification à la notion de couverture, proposée par Fary, et qui permet de considérer directement des éléments à supports compacts (Exp.II).

2) Adoption de la définition des faisceaux due à Lazard, qui est à la base de la théorie de H. Cartan; cela a conduit à une refonte complète de l'Exp. V.

3) Adjonction d'une démonstration de la non-existence de couvertures fines anti-commutatives en caractéristique $p > 0$ (Exp.IV, No.4).

Les points 1) 2) entraînent des simplifications techniques considérables et permettent ainsi de mieux mettre en évidence les points essentiels, notamment, qui sont en définitive: les notions de couverture fine, de faisceau et d'algèbre spectrale, le Théor. 6 de l'Exp. I (cas particulier de la règle de Künneth), et le lemme 1 de l'Exp. III.

A. Borel

Ecole polytechnique fédérale
Printemps 1951

Séminaire de Topologie algébrique

COHOMOLOGIE DES ESPACES LOCALEMENT COMPACTS, d'après J. LERAY

Exposé I : NOTIONS ALGEBRIQUES.

*****

1. Introduction.

Les premiers exposés seront consacrés à la définition donnée par J. Leray de l'anneau de cohomologie d'un espace localement compact. Le point central de cette théorie est un théorème d'unicité, affirmant en gros que 2 anneaux munis d'un opérateur cobord attachés à un espace ont des anneaux de cohomologie isomorphes lorsqu'ils vérifient deux conditions qui s'avéreront être maniables. On verra que cet anneau de cohomologie est isomorphe à l'anneau de cohomologie d'Alexander-Spanier à supports compacts. Nous traiterons tout d'abord complètement le cas des coefficients constants, réservant pour plus tard l'étude de la cohomologie par rapport à un faisceau, notion qui, en un certain sens, généralise celle des coefficients locaux.

Cette théorie, amorcée dans [1], forme la première partie de [2]. Elle a été développée et généralisée par H. Cartan (Séminaire de l'E.N.S., Paris, 1949-50, Exp. XII à XVII, et 1950-51), qui l'a en particulier étendue au cas des supports fermés non nécessairement compacts. Ici, on se bornera à la théorie de Leray, non sans cependant faire des emprunts aux Exposés de H. Cartan, notamment en ce qui concerne les exemples.

[1] J. Leray, Journ.math.pur. & appl. IXs. t. 24, 96-248 (1945)
[2] J. Leray, ibid. t. 29, 1-139 (1950).

2. Modules et algèbres différentiels.

On renvoie à Bourbaki, Algèbre linéaire et Algèbre multilinéaire, pour les démonstrations non reproduites ci-dessous, en particulier pour l'étude détaillée du produit tensoriel de modules. A désignera toujours un anneau commutatif avec élément neutre.

A-module: groupe abélien admettant A comme anneau d'opérateurs. On supposera toujours le A-module unitaire, c'est-à-dire que l'élément neutre de A induit l'identité.

A-module gradué E: Somme directe de sous-modules E^i (i entier quelconque). Les éléments de E^i sont dits (homogènes) de degré i; 0 a n'importe quel degré.

A-module différentiel (E,d): A-module E muni d'un endomorphisme d A-linéaire de carré nul, c'est-à-dire que l'on suppose

$$d(x+y) = dx + dy \qquad d(\alpha x) = \alpha dx \qquad d.d.x = 0 \qquad (\alpha \in A,\ x,y \in E)$$

Les zéros de d sont les <u>cycles</u> (ou <u>cocycles</u>), les images de d les <u>bords</u> (ou <u>cobords</u>). Le quotient du sous-module des cycles par celui des bords est le module <u>d'homologie</u> (ou de <u>cohomologie</u>) de E, noté H(E).

Dans la suite nous emploierons toujours les expressions cocycle, cobord, cohomologie.

Un homomorphisme f: $(E,d) \longrightarrow (E',d')$

sera dit permis, si $fd = d'f$

dans ce cas il induit un homomorphisme de H(E) dans H(E').

<u>A-module différentiel-gradué</u>: On suppose $dE^i \subset E^{i+r}$, r indépendant de i, d est alors dit homogène de degré r. Dans ce cas, H(E) est aussi gradué de façon évidente.

<u>A-module canonique</u>: A-module différentiel-gradué, d étant de degré 1.

<u>A-algèbre</u>: A-module muni d'un produit vérifiant la règle

$$\alpha(x_\circ y) = (\alpha x)\ y = x(\alpha y) \qquad (\alpha \in A,\quad x,y \in E)$$

qui sera toujours supposé distributif, associatif.

<u>A-algèbre graduée</u>: on suppose $E^i.E^j \subset E^{i+j}$

<u>A-algèbre différentielle (E,d,ω)</u>: A-algèbre munie d'un endomorphisme A-linéaire d de carré nul et d'un automorphisme ω (A-linéaire, respectant le produit) vérifiant:

$$\omega d + d\omega = 0 \qquad d(x.y) = (dx)y + \omega(x).dy$$

On en déduit que ω transforme cocycles, resp. cobords, en cocycles, resp. cobords, et que le produit d'un cocycle par un cobord est un cobord; on peut alors définir un produit dans H(E) qui devient une A-algèbre.

<u>A-algèbre différentielle-graduée</u>: On suppose $\omega(E^i) \subset E^i$

<u>A-algèbre canonique</u>: A-algèbre différentielle-graduée, d étant de degré 1, et ω étant défini par

$$\omega(x^p) = (-1)^p x^p \qquad (x^p \in E^p)$$

<u>Exemples.</u>

1) Les chaînes simpliciales à coefficients dans un groupe abélien forment un Z-module différentiel Z-gradué, avec une différentielle de degré -1; les cochaînes simpliciales à valeurs dans un anneau forment une Z-algèbre canonique (après choix d'un ordre des sommets pour définir le produit).

2) Les formes différentielles extérieures sur une variété munies du produit extérieur et de la différentielle extérieure, forment une R-algèbre canonique. (R = corps des réels).

3. Le produit tensoriel.

Rappelons d'abord brièvement la définition du produit tensoriel de 2 A-modules E,F. Pour l'obtenir, on part du module $\Omega(E,F)$ des combinaisons linéaires finies $\sum \alpha_{xy}(x,y)$, $(\alpha_{xy} \in A,\ x \in E,\ y \in F)$, dont les paires (x,y) forment une base. Soit N le sous-module engendré par les éléments ayant l'un des types:

$$\text{(A)}\quad \begin{array}{ll} \alpha(x,y) - (\alpha x,y) & \alpha(x,y) - (x,\alpha y) \\ (x_1+x_2,y) - (x_1,y) - (x_2,y) & (x,y_1+y_2) - (x,y_1) - (x,y_2) \end{array}$$

Le produit tensoriel (sur A) de E et F, noté $E \otimes F$, est alors par définition le quotient $\Omega(E,F)/N$. On note $\alpha_{xy}(x \otimes y)$ l'image dans $E \otimes F$ de l'élément $\alpha_{xy}(x,y)$ de $\Omega(E,F)$; on en tire immédiatement les

Règles de calcul:

$$\begin{aligned} (x_1+x_2) \otimes y &= x_1 \otimes y + x_2 \otimes y \\ x \otimes (y_1+y_2) &= x \otimes y_1 + x \otimes y_2 \\ \alpha(x \otimes y) &= (\alpha x) \otimes y = x \otimes (\alpha y) \end{aligned}$$

Propriétés:

1) $E \otimes F \cong F \otimes E$

2) $(E \otimes F) \otimes G \cong E \otimes (F \otimes G)$

3) $E \otimes A \cong A \otimes E \cong E$

4) $(E_1 + E_2) \otimes F \cong E_1 \otimes F + E_2 \otimes F$, plus généralement: si $E = \sum E_\mu$, $F = \sum F_\nu$, alors $E \otimes F = \sum E_\mu \otimes F_\nu$

Remarque: L'isomorphisme de 2) fait correspondre à $(x \otimes y) \otimes z$ l'élément $\otimes(y \otimes z)$; si 1 est l'élément neutre de A, on obtient un isomorphisme de E sur $A \otimes E$, resp. $E \otimes A$, en faisant correspondre à x l'élément $1 \otimes x$, resp. $x \otimes 1$.

Homomorphismes de produits tensoriels. Soient $f: E \to E'$, $g: F \to F'$ des homomorphismes de A-modules; on vérifie que l'on obtient bien une application univoque $h: E \otimes F \to E' \otimes F'$ en posant $h(x \otimes y) = f(x) \otimes g(y)$; c'est l'homomorphisme associé à f et g.

Si $E_1 \subset E$, $F_1 \subset F$, les injections induisent un homomorphisme de $E_1 \otimes F_1$ dans $E \otimes F$, qui n'est pas toujours biunivoque, on ne peut donc pas en général considérer $E_1 \otimes F_1$ comme sous-module de $E \otimes F$. Par exemple $Z/(2) \otimes 2Z$ est isomorphe à $Z/(2)$, mais son image dans $Z/(2) \otimes Z$ est nulle. Autrement dit, si $\sum x_i \otimes y_i = 0$ dans $E \otimes F$ et si $x_1,\dots,x_n \in E_1$ $y_1,\dots,y_n \in F_1$ on n'a pas forcément $\sum_1^n x_i \otimes y_i = 0$ dans $E_1 \otimes F_1$. A ce sujet, nous utiliserons fréquemment le

THEOREME 1. <u>Si $\sum_1^n x_i \otimes y_i = 0$ dans $E \otimes F$, il existe des sous-modules $E_1 \subset E$, $F_1 \subset F$ à un nombre fini de générateurs, contenant respectivement $x_1,\ldots,x_n$ et $y_1,\ldots,y_n$ tels que $x_i \otimes y_i$ soit déjà nul dans $E_1 \otimes F_1$.</u>

En effet, $\sum x_i \otimes y_i = 0$ signifie que dans $\Omega(E,F)$, $\sum(x_i,y_i)$ est une combinaison linéaire finie de termes de l'un des types (A) il suffira de prendre pour E_1,F_1 les sous-modules engendrés par tous les éléments de E, resp. F qui figurent dans ces sommes.

THEOREME 2. <u>Soit E_1 un sous-module de E. Si E_1 est un facteur direct de E, alors $E_1 \otimes F \to E \otimes F$ est biunivoque.</u>

En effet, si $E = E_1 + E_2$, alors $E \otimes F = E_1 \otimes F + E_2 \otimes F$.
On remarquera que la condition E_1 facteur direct est toujours vérifiée dans le cas des espaces vectoriels (i.e. si A est un corps).

THEOREME 3. <u>Le noyau de l'homomorphisme naturel φ de $E \otimes F$ sur $(E/E_1) \otimes (F/F_1)$ est le sous-module engendré par les éléments $x \otimes y$ où l'on a soit $x \in E_1$, soit $y \in F_1$.</u>

Pour le démontrer on définit un homomorphisme de $E/E_1 \otimes F/F_1$ dans $(E \otimes F)/N$ de la façon suivante: soit $\bar{x} \in E/E_1$, $\bar{y} \in F/F_1$, x,y des éléments de leurs images réciproques dans E,F, on pose $h(\bar{x} \otimes \bar{y}) = f(x \otimes y)$, où f est l'homomorphisme naturel de $E \otimes F$ sur son quotient $(E \otimes F)/N$. On voit facilement que cette définition est licite et que $h \cdot \varphi = f$, donc le noyau de φ est contenu dans N, la réciproque est évidente.

<u>Produit tensoriel d'un A-module canonique E et d'un A-module différentiel F:</u>
on v définit une différentielle d par

$$d(x \otimes y) = dx^p \otimes y + (-1)^p x^p \otimes dy \qquad x^p \in E^p$$

il est immédiat que d est de carré nul, on remarquera que ce ne serait en général pas le cas si l'on omettait le $(-1)^p$ dans la définition.

Produit tensoriel d'une algèbre canonique E et d'une algèbre différentielle (F, d, ω).

C'est le module introduit ci-dessus dans lequel on définit en outre

le produit par: $(x^p \otimes y)(x^q \otimes y') = x^p x^q \otimes \omega^{-q}(y) \cdot y'$

l'automorphisme par: $\omega(x^p \otimes y) = (-1)^p x^p \otimes \omega(y)$

On vérifie que tous les postulats d'une algèbre différentielle sont satisfaits (cf.[2], Nos.12,13). On démontre aussi aisément le

THEOREME 4. Si E et F sont 2 A-algèbres canoniques, l'application $x^p \otimes y^q \to (-1)^{pq} y^q \otimes x^p$ est un isomorphisme de $E \otimes F$ sur $F \otimes E$.

4. Particularisation de A.

Sauf mention expresse du contraire, nous supposerons dorénavant toujours être dans un des cas suivants

1) A = Z, E est donc un groupe abélien ou un anneau

2) A est un corps, E est donc un espace vectoriel, resp. une algèbre sur un corps.

En fait tout sera valable pour un anneau principal A, mais 1) et 2) suffiront ici.

Un A-module E sera dit sans torsion si $\alpha x = 0$, $\alpha \neq 0$ implique $x = 0$; cela est toujours vrai si A est un corps; lorsque A = Z cela signifie que le groupe abélien E n'a pas d'élément nonnul d'ordre fini; toujours si A = Z, nous dirons que $u \in E$ n'est pas divisible par un entier si $u = kv$ $(k \in Z, v \in E)$ implique $k = \pm 1$.

THEOREME 5. Soit E un A-module sans torsion, $F_1 \subset F$ 2 A-modules quelconques. Alors

1) $E \otimes F_1 \to E \otimes F$ est biunivoque

2) si A = Z et si $u \in E$ n'est pas divisible par un entier, alors l'application $F \to E \otimes F$ donné par $y \to u \otimes y$ est biunivoque.

1) est clair dans le cas des espaces vectoriels, puisque F_1 est facteur direct; soit donc A = Z. En utilisant le théorème 1 on se ramène au cas où E a un nombre fini de générateurs, mais alors E est somme directe d'un nombre fini d'anneaux Z, $E \otimes F_1$, resp. $E \otimes F$, est somme directe d'un nombre fini de copies de F_1, resp. de F, et l'application envisagée se ramène à l'injection de F_1 dans F.

2) Si $u \otimes y = 0$ dans $E \otimes F$, il l'est déjà dans $E_1 \otimes F$ où E_1 a un nombre fini de générateurs; E étant sans torsion, il en est de même de E_1 qui est ainsi un groupe

abélien libre à un nombre fini de générateurs, contenant u; d'après le théorème des diviseurs élémentaires on peut trouver une base $x_1, \dots, x_n$ de E telle que $u = kx_1$, d'où $u = \pm x_1$ puisque u n'est pas divisible par un entier; Zu ⊗ F est <u>facteur direct</u> de $E_1 \otimes F$, et est appliqué biunivoquement dans ce dernier; d'autre part l'application $y \longrightarrow u \otimes y$ de F dans Zu ⊗ F est biunivoque (cf propriété 3 du produit tensoriel) d'où le théorème.

Etant donnés deux modules différentiels E, F, le premier étant canonique, il se pose la question de connaître des rapports entre H(E), H(F) et H(E ⊗ F), problème dont l'étude conduit à la "règle de Künneth". Nous ne traiterons ci-dessous que 2 cas très particuliers, les seuls dont nous aurons besoin pour établir le théorème d'unicité; pour un énoncé général, cf [2] No.18. Indiquons simplement que si par exemple E est sans torsion, l'homomorphisme naturel de H(E) ⊗ H(F) dans H(E ⊗ F) est biunivoque et que le quotient H(E ⊗ F)/H(E) ⊗ H(F) ne dépend que de la torsion de H(E) et H(F); en particulier H(E) ⊗ H(F) = H(E ⊗ F) si A est un corps ou si l'un des 2 modules H(E), H(F) est sans torsion.

THEOREME 6. <u>Soient E,F 2 A-modules différentiels, on suppose que E est canonique sans torsion, gradué par des degrés</u> ≥ 0 <u>et que</u> $H^p(E) = 0$ <u>pour</u> $p > 0$, $H^o(E) = A$. <u>Soit u le cocycle de E correspondant à l'élément neutre de A dans cet isomorphisme. Alors</u> $y \longrightarrow u \otimes y$ <u>induit un isomorphisme de</u> H(F) <u>sur</u> H(E ⊗ F).

Nous remarquons tout d'abord que si A = Z, u n'est pas divisible par un entier; en effet, u = kv entraine k.dv = 0, donc dv = 0 (E sans torsion), et $k \neq \pm 1$ impliquerait que l'élément neutre de Z est divisible par un entier.

Soit d_1 la "dérivée partielle" par rapport à E, c'est-à-dire l'endomorphisme d_1 donné par $d_1(x \otimes y) = dx \otimes y$. On a $d(x^p \otimes y) = d_1(x^p \otimes y) + (-1)^p d_2(x^p \otimes y)$, si on pose de même $d_2(x \otimes y) = x \otimes dy$.

La démonstration comprend 2 parties

<u>1ère partie</u>: Nous montrerons qu'un d_1-cocycle de $E^p \otimes F$ est un d_1-cobord si $p > 0$, et de la forme u ⊗ y si p = 0.

Examinons tout d'abord le cas où F a un seul générateur v, et soit $h = x \otimes v$ tel que $dx \otimes v = 0$; si v est libre, cela entraîne dx = 0, donc x = dx' pour $p > 0$ et

$x = a.u$ pour $p = 0$ ($a \in Z$), d'où l'affirmation; v est libre si A est un corps, il reste donc à examiner le cas où $A = Z$, et où il existe $k \in Z$, $k \neq 0$ tel que $kv = 0$; si k est en valeur absolue le plus petit entier pour lequel cela se produit on a: $F = Zv = Z/(k)$. Dans l'homomorphisme naturel f de $E \otimes Z$ sur $E \otimes Z/(k)$, le noyau est $E \otimes kZ = kE \otimes 1$ (Th3); $f(x^p \otimes 1) = x^p \otimes v = h$ et $f(dx^p \otimes 1) = 0$ donc $dx^p = km^{p+1}$, $kdm^{p+1} = ddx^p = 0$ et $dm^{p+1} = 0$ (E sans torsion), donc $m^{p+1} = dn^p$ et ainsi $d(x^p - kn^p) = 0$. Si $p > 0$, cela donne $x^p = kn^p + dn^{p-1}$ et $h = d_1(n^{p-1} \otimes v)$, si $p = 0$ on aura $x^o = kn^o + a.u$, d'où $h = a.u \otimes v = u \otimes a.v$ ($a \in Z$).

Si maintenant F a un nombre fini de générateurs, c'est une somme directe: d'espaces à une dimension si A est un corps, de groupes cycliques, finis ou infinis, si $A = Z$ et on se ramène facilement au cas qui vient d'être traité. Enfin on démontrera notre assertion pour F quelconque en utilisant le théorème 1.

2ème partie: on établira les 2 affirmations:

1) tout cocycle de $E \otimes F$ est cohomologue à un élément $u \otimes y$ où y est un cocycle de F
2) si $u \otimes y$ est cohomologue à zéro dans $E \otimes F$, y est cohomologue à zéro dans F.

Cela est manifestement équivalent au théorème 6. Le raisonnement utilisé ici, joue un rôle fondamental dans [1], (voir en particulier No. 4 pour un lemme analogue au théorème 6).

Nous appelons poids p d'un élément de $E \otimes F$ l'entier p tel que
$h \notin (E^o + \dots + E^{p-1}) \otimes F$, $h \in (E^o + \dots + E^p) \otimes F$.

1) Démonstration par récurrence sur le poids. Si h est de poids 0, $dh = d_1h + d_2h$, $d_1h \in E^1 \otimes F$, $d_2h \in E^o \otimes F$, donc $dh = 0$ implique $d_1h = 0$ et (1ère partie) $h = u \otimes y$, donc $dh = u \otimes dy$ et $dh = 0$ entraîne $dy = 0$ (vu le théor.5 et le fait que u n'est pas divisible par un entier). Supposons maintenant 1) vrai pour h de poids $\leq p-1$ et soit h de poids p; on peut écrire

$$h = h^o + \dots + h^p \qquad \text{avec} \quad h^i \in E^i \otimes F$$

Dans dh on voit immédiatement que le seul élément contenu dans $E^{p+1} \otimes F$ est d_1h^p, donc $dh = 0$ entraîne $d_1h^p = 0$ et (1ère partie) $h^p = d_1m^{p-1}$, donc $h^p = dm^{p-1} \pm d_2m^{p-1}$ et d_2m^{p-1} est de poids p-1. Alors

$$h = h^o + \dots + h^{p-1} \pm d_2m^{p-1} + dm^{p-1} = h' + dm^{p-1}$$

et h' est de poids $\leq$ p-1, donc h' = $u \otimes y + dm'$ (hypothèse d'induction) et finalement h est cohomologue à $u \otimes y$, avec $dy = 0$.

2) Soit $u \otimes y = d(m^o + \ldots + m^p)$, $m^i \in E^i \otimes F$. Si $p = 0$ on a $d_1 m^o = 0$, donc $m^o = u \otimes y'$ et $u \otimes y = u \otimes dy'$, $y = dy'$ (Théor.5). Si $p > 0$, on a $d_1 m^p = 0$, donc $m^p = d_1 n^{p-1} = dn^{p-1} - d_2 n^{p-1}$ et

$$u \otimes y = d(m^o + \ldots + m^{p-1} \pm d_2 n^{p-1})$$

et $u \otimes y$ est cobord d'un élément de poids $\leq$ p-1; par récurrence on voit alors que $u \otimes y$ est cobord d'un élément de poids 0, cas qui a déjà été traité.

THEOREME 7. <u>Soit</u> E <u>canonique sans torsion,</u> d <u>une différentielle de</u> $E \otimes F$ <u>nulle sur</u> E (c'est-à-dire $d(x \otimes y) = x \otimes dy$).
<u>Alors</u> $Z(E \otimes F) = E \otimes Z(F)$, $B(E \otimes F) = E \otimes B(F)$ <u>et</u> $H(E \otimes F) = E \otimes H(F)$.

Par Z(X) on désigne les cocycles de X, et par B(X) ses cobords. Il est clair que $E \otimes Z(F) \subset Z(E \otimes F)$; pour voir qu'il y a égalité on se ramène à l'aide du théorème 1, au cas où E a un nombre fini de générateurs, pour lequel cela est immédiat, de même on verra que $B(E \otimes F) = E \otimes B(F)$ d'où $H(E \otimes F) = Z(E \otimes F)/B(E \otimes F) = E \otimes Z(F)/E \otimes B(F) = E \otimes H(F)$ d'après le théorème 3.

Exposé II : LES COMPLEXES

*****

1. Rappel sur les espaces localement compacts.

Nous résumons ici brièvement quelques points de la théorie des espaces topologiques; pour les définitions et démonstrations non reproduites ci-dessous, cf. Alexandroff-Hopf, Topologie I, Kap. I, II ou Bourbaki, Topologie général, Chap. I, II, IX.

X désignera un espace localement compact séparé, c'est-à-dire vérifiant l'axiome de Hausdorff: 2 points différents possèdent des voisinages disjoints; $\emptyset$ désignera l'ensemble vide, $\bar{A}$ l'adhérence du sous-espace A. Compact est pris ici au sens Bourbaki = bicompact d'Alexandroff-Hopf, i.e. un espace est compact si de tout recouvrement ouvert on peut extraire un recouvrement fini, localement compact si tout point a un voisinage fermé compact.

Un espace localement compact est <u>régulier</u>; cela signifie que, étant donnés un point p et un fermé F ne contenant pas p, il existe des ouverts disjoints U,V contenant l'un p et l'autre F; on exprime cela en disant que l'on peut séparer un point d'un fermé qui ne le contient pas. Il est immédiat que dans un espace régulier on peut aussi séparer un fermé et un compact disjoints, d'où le

THEOREME 1. <u>Soit</u> F <u>un sous-espace compact de</u> X, $V_1,\dots,V_n$ <u>des ouverts de</u> X <u>à adhérence compacte recouvrant</u> F, <u>alors il existe</u> V_o <u>telle que</u> $V_o \cup V_1 \cup \dots \cup V_n = X$, $\bar{V}_o \cap F = \emptyset$.

En effet, on prendra pour V_o un ouvert contenant $X - (V_1 \cup \dots \cup V_n)$ qui permet de le séparer de F.

<u>Définition</u>: Un recouvrement fini $U_1,\dots U_n$ de X est <u>propre</u> si les U_i sont ouverts et si pour chaque i: $\bar{U}_i$ ou $X-U_i$ est compact.

En particulier le recouvrement du théorème précédent est propre. Une propriété importante des recouvrements propres s'exprime par le

THEOREME 2. - <u>Tout recouvrement fini propre d'un sous-espace</u> X' <u>est induit par un recouvrement fini propre de</u> X.

Cela signifie que, étant donné le recouvrement $V_1,\dots V_n$ de X', il existe un recouvrement $U_1, \dots U_m$ propre de X tel que $X' \cap U_i$ soit l'un des V_i ou bien vide; en fait nous verrons que l'on peut prendre $m = n$; si $X'-V_i$ est compact en tant que sous-espace de X', il l'est aussi en tant que sous-espace de X et en particulier est fermé; $U_i = X - (X'-V_i)$ a un complémentaire compact et $X' \cap U_i = V_i$. Si $X'-V_i$ n'est pas compact, alors $\bar{V}_i$ l'est et on peut trouver U_i ouvert, à adhérence compacte, tel que $U_i \cap X' = V_i$; $U_1 \cup \dots \cup U_n$ contient naturellement X', mais aussi X-X' car l'un au moins des ensembles $X'-V_i$ est compact et alors $U_i = X -(X'-V_i) \supset X-X'$; $U_1, \dots, U_n$ est donc un recouvrement propre (par construction) de X induisant sur X' le recouvrement V_i donné.

Un espace localement compact est non seulement régulier, mais encore <u>complètement régulier</u>; cela veut dire qu'étant donnés un point p et un fermé ne le contenant pas, deux nombres réels a et b, il existe une fonction continue à valeurs réelles définie sur X, égale à a sur p, à b sur F et dont les valeurs sont comprises entre a et b. On en déduit qu'étant donnés un compact K et un fermé F disjoints, on peut construire une fonction continue à valeurs comprises entre a et b, égale à a sur K, à b sur F (pour la démonstration de ce fait à partir de la complète régularité, cf. Halmos, Measure Theory, p.216).

<u>Définition.</u> On appelle <u>partition finie continue de l'unité</u> sur X un ensemble fini de fonctions $f_1, \dots, f_n$ sur X, continues à valeurs réelles vérifiant

$$0 \leq f_i \leq 1, \qquad f_1 + \dots + f_n \equiv 1.$$

Etant donné un recouvrement fini $U_1, \dots, U_n$, une partition de l'unité $f_1, \dots, f_n$ lui sera dite <u>subordonnée</u> si $f_i = 0$ dans $X-U_i$ $(i = 1, \dots, n)$.

THEOREME 3. <u>Soit $U_1, \dots, U_n$ un recouvrement fini propre de l'espace localement compact X.</u>
<u>Alors il existe une partition de l'unité $f_1, \dots f_n$ qui lui est subordonnée.</u>

Pour l'obtenir on construit tout d'abord un recouvrement ouvert $V_1, \dots, V_n$ de X tel que $\bar{V}_i \subset U_i$ (même démonstration que dans le cas des espaces normaux), ensuite on prend la fonction g_i comprise entre 0 et 1, égale à 1 sur $\bar{V}_i$, à 0 sur $X-U_i$, les V_i formant un recouvrement ont $(g_1 + \dots + g_n) > 0$ (strictement) en chaque point, la partition de l'unité est alors donnée par $f_i = g_i/(g_1 + \dots + g_n)$.

Remarques.

1) Dans une variété différentiable de classe C^k, on peut construire une partition de l'unité subordonnée à un recouvrement ouvert fini quelconque à l'aide de fonctions différentiables de classe C^k.

2) Les notions relatives aux fonctions réelles rappelées ci-dessus n'interviendront pas dans la démonstration même du théorème d'unicité, mais dans les applications que nous en ferons.

2. Les complexes.

Définition. Un A-complexe K sur X est un A-module à chaque élément duquel est attachée une partie fermée de X, son support; notant S(k) le support de k, on suppose vérifiés les axiomes suivants:

1) $S(k+k') \subset S(k) \cup S(k')$, $S(ak) \subset S(k)$ $(a \in A)$, $S(0) = \emptyset$

2) $S(k) = \emptyset$ entraîne $k = 0$

si K est gradué : $S(k^p+k^q) = S(k^p) \cup S(k^q)$ $(p \neq q)$

si K est différentiel : $S(dk) \subset S(k)$

si K est une algèbre : $S(k \cdot k') \subset S(k) \cap S(k')$

si K est une algèbre différentielle: $S(\omega(k)) = S(k)$

K est dit sans torsion si $S(ak) = S(k)$, il est alors sans torsion en tant que module vu 1) et 2); K est toujours sans torsion si A est un corps; K est à supports compacts si S(k) est compact pour tout k.

Un A-module aux éléments duquel correspondent des supports vérifiant les conditions ci-dussus sauf 2) est appelé un complexe non-séparé. Les éléments de support vide forment alors un sous-module et en faisant le quotient du module donné par ce dernier, on obtiendra un complexe satisfaisant aussi à 2), le complexe séparé associé. Si K est muni de structures supplémentaires (graduation, différentielle, ...) il en est de même du complexe séparé associé.

Section d'un complexe par un sous-espace. Soit K un complexe sur X, Y un sous-espace, K_{X-Y} les éléments de K dont le support ne rencontre pas Y, c'est un sous-module (stable pour d, et un idéal si K est une algèbre). Soit $YK = K/K_{X-Y}$, et notons Yk l'image dans ce quotient de $k \in K$; à l'aide de l'axiome 1) on voit facilement que $Y \cap S(k) = Y \cap S(k')$ si $Yk = Yk'$; ainsi en posant $S(Yk) = Y \cap S(k)$ on attribue bien à chaque élément de YK une seule partie fermée de Y de manière à satisfaire aux axiomes du complexe (séparé); YK muni de ces supports est la section de K par Y, en particulier xK sera la section par un point x. Les structures additionnelles de K se transportent à YK, par exemple si K est différentiel, on définira une différentielle sur YK par d(Yk) = Y(dk), ce qui de nouveau est légitime car, d diminuant les supports, on a bien Ydk = Ydk' si Yk = Yk'.

Homomorphismes de complexes. Soient K', K 2 complexes définis sur un même espace; une application $f: K' \to K$ est un homomorphisme de K' dans K si 1) c'est un homomorphisme pour les structures algébriques en jeu 2) s'il diminue les supports, c'est-à-dire si $S(f(k)) \subset S(k)$; par conséquent si $Y \subset X$, $f(K'_{X-Y}) \subset K_{X-Y}$ et f induit un homomorphisme, que nous noterons f_Y de YK' dans YK. En appelant p'_Y et p_Y les projections de K' sur YK' et K sur YK on a le diagramme commutatif

$$\begin{array}{ccc} K' & \xrightarrow{f} & K \\ {\scriptstyle p'_Y}\downarrow & & \downarrow{\scriptstyle p_Y} \\ YK' & \xrightarrow{f_Y} & YK \end{array}$$

ou, si l'on veut, $Yf(k') = f_Y.Yk'$; l'homomorphisme f est un isomorphisme s'il conserve les supports (il est alors forcément biunivoque).

3. Somme directe et intersection de complexes.

Nous donnerons ici 2 lois de composition pour les complexes d'un espace; la 1ère, assez triviale, n'est pas indispensable mais sera assez commode, la deuxième par contre est fondamentale.

Somme directe. Soient K et K' 2 A-complexes, leur somme directe notée K + K' sera le A-module somme directe de K et K' dans lequel on définit les supports par $S(k+k') = S(k) \cup S(k')$.

On introduit de même la somme directe d'un nombre quelconque de complexes. Si K est un complexe gradué par des sousmodules K^i, on peut envisager ces derniers comme des complexes et, d'après les axiomes K est précisément somme directe des K^i.

Intersection K o K' de 2 complexes K et K'.

Ce sera un nouveau complexe. Pour le définir on part du produit tensoriel $K \otimes K'$ aux éléments duquel nous allons attribuer des supports. Soit f_x l'homomorphisme $K \otimes K' \longrightarrow xK \otimes xK'$ associé aux projections $p_x : K \longrightarrow xK$, $p'_x : K' \rightarrow xK$, et $h \in K \otimes K'$; nous définissons S(h) comme l'ensemble des points $x \in X$ pour lesquels $f_x h \neq 0$. Montrons que S(h) est fermé ou plutôt que X-S(h) est ouvert. Soit donc x tel que $f_x h = 0$, alors h est une combinaison linéaire finie de termes $k_i \otimes k'_i$ où l'on a soit $p_x(k_i) = 0$ c'est-à-dire $S(k_i) \subset X-x$, soit $p'_x(k'_i) = 0$ c'est-à-dire $S(k'_i) \subset X-x$. (Exp.I, théor.3). Les $S(k_i)$ et $S(k'_i)$ étant en nombre fini et fermés on peut trouver un voisinage V_x de x tel que pour $y \in V_x$ on ait $p_y k_i = 0$ ou $p'_y k'_i = 0$ suivant que $S(k_i) \subset X-x$ ou que $S(k'_i) \subset X-x$, ce qui signifie que $f_y h = 0$ pour $y \in V_x$, X-S(h) est bien ouvert.

Les axiomes du complexe, sauf 2) se vérifient sans difficulté. On obtient donc un complexe en général non séparé, c'est le complexe séparé associé qui sera par définition l'intersection de K et K'; K o K' est donc un quotient de $K \otimes K'$ et on désignera par k o k' l'image de $k \otimes k'$. Rassemblons en un premier théorème les propriétés les plus simples de ces opérations.

THEOREME 4.

1) $S(k \circ k') \subset S(k) \cap S(k')$, donc si l'un des 2 complexes est à supports compacts, il en est de même de leur intersection.
2) $x(K \circ K') \cong xK \otimes xK'$
3) $K \circ (K' \circ K'') \cong (K \circ K') \circ K''$
4) Si $K = \sum K_\mu$, $K' = \sum K'_\nu$, alors $K \circ K' = \sum_{\mu,\nu} K_\mu \circ K'_\nu$
5) Si K et K' sont canoniques, l'application $k^p \circ k'^q \longrightarrow (-1)^{pq} k'^q \circ k^p$ est un isomorphisme de K o K' sur K' o K.

Nous omettons les démonstrations qui sont immédiates. Relevons cependant que l'isomorphisme de 3) est celui qui fait correspondre (k o k') o k'' à k o (k' o k''). Dans 5) il s'agit d'isomorphisme au sens des complexes, c'est-à-dire d'une application bijective compatible avec la structure d'algebre canonique et conservant les supports.

Homomorphismes d'intersections.

Soient $f : K \to K'$ et $g : M \to M'$ 2 homomorphismes de A-complexes (les 4 complexes étant définis sur un même espace X). En posant $h(k \circ m) = f(k) \circ g(m)$ on définit une application univoque de $K \circ M$ dans $K' \circ M'$; pour voir cela, on remarque tout d'abord que $h(k \boxtimes m) = f(k) \boxtimes g(m)$ détermine un homomorphisme de $K \boxtimes M$ dans $K' \boxtimes M'$ (au point de vue algébrique), et que pour tout $x \in X$ on a $f(K_x) \subset K'_x$, $g(M_x) \subset M'_x$, donc h définit par passage au quotient un homomorphisme $h_x : xK \boxtimes xM \to xK' \boxtimes xM'$, d'où l'on déduit que h diminue les supports des éléments de $K \boxtimes M$; en particulier h envoie les éléments de support vide en des éléments de support vide, d'où par passage au quotient l'application h de $K \circ M$ dans $K' \circ M'$ vérifiant $h(k \circ m) = f(k) \circ g(m)$, qui est alors évidemment un homomorphisme.

4. Complexes fins et couvertures.

Nous apporterons ici 2 restrictions essentielles à la notion de complexe, l'une de caractère global, l'autre de caractère plutôt local.

Définition. Un complexe K sur X est fin si pour tout recouvrement fini propre $U_1,\dots,U_n$ de X on peut trouver des endomorphismes A-linéaires de K, $r_1,\dots,r_n$ de K tels que

$$r_1(k) + \dots + r_n(k) = k \quad \text{pour tout } k \in K$$

$$S(r_i(k)) \subset \bar{U}_i \cap S(k)$$

Si K est gradué, on supposera que les r_i conservent le degré mais par contre on ne fait aucune hypothèse sur le comportement des r_i vis-à-vis de la différentielle ou du produit.

Si K est une algèbre avec élément neutre on peut exprimer plus simplement les conditions précédentes; soit en effet u son élément neutre, K est fin si et seulement si étant donné $U_1,\dots,U_n$ propre il existe $u_1,\dots,u_n \in K$ tels que $u_1+\dots+u_n = u$, $S(u_i) \subset \bar{U}_i$, en effet on définira r_i comme le produit par u_i: $r_i(k) = u_i.k$, et réciproquement si l'on part d'un complexe fin on définit $u_i = r_i u$.

Ce postulat exprime en somme la possibilité de découper tout élément en éléments à supports petits; il signifie entre autres qu'un complexe fin possède des éléments à supports arbitrairement petits. Ce postulat renferme une sorte de passage à la limite du type de ceux que l'on fait en considérant un ensemble ordonné filtrant de recouvrements d'un espace donné, ce qui comme on sait, conduit à la cohomologie de Cech.

THEOREME 5. Soient K fin, K* l'ensemble de ses éléments à supports compacts, Alors

1) Pour tout ouvert U et tout $x \in U$, on a $xK = xK_U$, d'où en particulier $xK = xK^*$.

2) K* est fin.

1) Soit U_1 un voisinage relativement compact de x, dont l'adhérence soit contenue dans U, et soit U_2, tel que $x \notin \bar{U}_2$ et que $U_1 \cup U_2 = X$; c'est un recouvrement propre. Soient r_1, r_2 les endomorphismes de K attachés à ce recouvrement. On a $k = r_1 k + r_2 k$ avec $S(r_i k) \subset \bar{U}_i$ $(i = 1,2)$, d'où $xk = xr_1 k$ et notre assertion.

2) Résulte du fait que les endomorphismes r_i correspondant à un recouvrement diminuent les supports et par suite transforment K* en lui-même.

Soient K un A-complexe, M un A-module. On peut envisager ce dernier comme un complexe en attribuant à chaque élément $\neq 0$ comme support tout l'espace et chercher à comparer $K \otimes M$ et $K \circ M$. On a à ce sujet la proposition suivante:

PROPOSITION 1. Si K est fin à supports compacts, l'homomorphisme naturel de $K \otimes M$ sur $K \circ M$ est un isomorphisme.

Nous avons à démontrer que 0 est le seul élément de support vide de $K \otimes M$. Soit donc $v \in K \otimes M$ tel que $f_x v = 0$ pour tout x; il fait ainsi partie du noyau de $K \otimes M \rightarrow xK \otimes xM = xK \otimes M$, donc de l'image naturelle de $K_{X-x} \otimes M$ dans $K \otimes M$ (Exp. I, Théor. 3), que nous noterons $j(K_{X-x} \otimes M)$; des remarques faites au début de la définition de l'intersection on tire l'existence d'un voisinage V_x de x tel que $v \in j(K_{X-\bar{V}} \otimes M)$ et l'on peut évidemment supposer $\bar{V}_x$ compact. Soit maintenant $v = k_1 \otimes m_1 + \dots + k_s \otimes m_s$ une représentation de v comme élément de $K \otimes M$; $F = S(k_1) \cup \dots \cup S(k_s)$ est compact et l'on peut trouver un nombre fini de points x_i tels que les V_{x_i} correspondants recouvrent F; posons $V_i = V_{x_i}$ et soit encore V_o tel que $V_o \cup V_1 \cup \dots \cup V_n = X$, $\bar{V}_o \cap F = \emptyset$, (Exp. II, Théor.1). On a

(1) $$v_i \in j(K_{X-\bar{V}_i} \otimes M) \qquad \text{pour } i = 0,1,\dots,n.$$

Soient r_i les endomorphismes de K correspondant au recouvrement (V_i), et notons aussi r_i l'endomorphisme de $K \otimes M$ donné par $r_i(k \otimes m) = r_i(k) \otimes m$. De $S(r_i(k)) \subset \bar{V}_i \cap S(k)$ on tire que $r_i(K_{X-\bar{V}_i}) = 0$, d'où $r_i(j(K_{X-\bar{V}_i} \otimes M)) = 0$, et ensuite, vu (1), $r_i(v) = 0$ pour $i = 0,1,\dots,n$ ce qui donne $v = 0$ puisque la somme des r_i est l'identité.

Définition. Un A-complexe K sur X est une A-couverture si

1) K est un complexe canonique sans torsion, à supports compacts gradué par des degrés ≥ 0.
2) Pour tout $x \in X$, $H^p(xK) = 0$ si $p > 0$, $H^o(xK) = A$
3) Pour tout compact F de X il existe $u \in K$ tel que xu soit l'unité de xK pour $x \in F$. (On dira que u est une unité relative à F).

Remarque. Dans [2], Leray définit une couverture par les conditions 1) moins l'exigence que les supports soient compacts, 2) et remplace (3) par

3') K est une algèbre avec élément neutre dont le support est X.

La modification que nous avons adoptée ici est due à Fary (C.R.Acad.Sci. Paris 237, 552-4 (1953)). Il est clair que ces deux définitions coïncident dans les espaces compacts. En fait les exemples usuels de couvertures fines (donnés plus bas), sont les éléments à supports compacts de couvertures fines au sens de Leray. Nous avons cependant préféré adopter ici le point de vue de Fary, qui n'exige pas l'existence d'éléments à supports non compacts alors que finalement on en fait abstraction pour calculer la cohomologie à supports compacts d'un espace.

THEOREME 6. Soient K une couverture, u_x l'élément neutre de xK. Alors u_x est homogène de degré zéro, et $du_x = 0$. L'isomorphisme $H^o(xK) = A$ est celui qui fait correspondre 1 à la classe de u_x. Si $A = Z$, u_x n'est pas divisible par un entier.

Il est immédiat que u_x est de degré 0 et que $du_x = 0$ (cela est vrai dans toute algèbre canonique); u_x n'est pas un cobord puisque les degrés de K sont $\geqslant 0$, et sa classe de cohomologie est l'élément neutre de $H^o(xK)$, d'où notre théorème.

THEOREME 7.

1) La section d'un complexe fin est un complexe fin.
2) La section d'une couverture K est une couverture.
3) L'intersection d'un complexe et d'un complexe fin est un complexe fin.
4) L'intersection de 2 couvertures est une couverture.
5) Si C est une couverture fine et U un ouvert de X, C_u est une couverture fine de U.

1) Si $V_1,\dots,V_n$ est un recouvrement propre d'un sous-espace Y, il existe un recouvrement propre $U_1,\dots,U_n$ de X tel que $U_i \cap Y = V_i$ (Théor.2). Si r_i sont les endomorphismes de K correspondants, on définira les endomorphismes $r_{Y,i}$ de YK par $r_{Y,i}(Yk) = Yr_i(k)$, cela est licite car si $Yk = Yk'$ on a aussi $Yr_i(k) = Yr_i(k')$, (r_i diminue les supports). Les conditions du complexe fin sont réalisées.

2) Il suffit de remarquer que si $y \in Y$, $yYK = yK$.

3) Si par exemple K est fin, on définit les endomorphismes r_i de K o K' par $r_i(k \circ k') = r_i k \circ k'$ (ce qui est licite d'après la fin du No.3).

4) On a $x(K \circ K') = xK \otimes xK'$, et ce module est donc sans torsion puisque xK et xK' le sont, ce qui entraîne l'absence de torsion dans K o K'; les autres conditions de 1) se vérifient immédiatement, 2) résulte de l'égalité précédente et du théor. 6 de l'Exp. I. Enfin, si u et u' sont des unités de K et K' relatives à F, alors u o u' est une unité de K o K' relative à F.

5) résulte des définitions et du théor. 5.1.

THEOREME 8. <u>Soient</u> C <u>une couverture,</u> K <u>un complexe à supports compacts, définis sur</u> X. <u>Soient</u> $k \in K$ <u>et</u> $u_k \in C$ <u>une unité de</u> C <u>relative à</u> S(k). <u>Alors l'élément</u> $u_k \circ k$ <u>de</u> C o K <u>ne dépend pas de l'unité relative choisie. L'application</u> $f: k \to u_k \circ k$ <u>est un homomorphisme injectif (dit canonique) de</u> K <u>dans</u> C o K. <u>Si</u> K <u>est différentiel on a</u> $d(u_k \circ k) = u_k \circ dk$.

Soit u' une deuxième unité relative à S(k). Alors pour $x \notin S(k)$ on a $x(u' \circ k) = x(u_k \circ k) = 0$, et pour $x \in S(k)$ on a $x(u' \circ k) = x(u_k \circ k) = xk$, d'où $u' \circ k = u_k \circ k$. Comme xu_k n'est pas divisible par un entier on a $x(u_k \circ k) \neq 0$ si $xk \neq 0$, donc f est injective. En prenant des unités relatives convenables on voit tout de suite qu'elle est compatible avec les structures algébriques en jeu. Enfin, on a

$$d(u_k \circ k) = du_k \circ k + u_k \circ dk.$$

Mais vu le théorème 6, $xdu_k = dxu_k = 0$ pour tout $x \in S(k)$, d'où la nullité du premier terme de droite, et notre dernière assertion. f est donc un homomorphisme de modules différentiels.

<u>Remarque</u>. Conformément à la convention introduite à partir du No. 4 de l'Exp.I, on suppose que A est Z ou un corps, en notant toutefois que la structure de A ne joue de rôle que dans la notion de couverture.

5. Exemples.

1) Chaînes et cochaînes simpliciales d'un polyèdre

On fait du A-module des chaînes simpliciales à coefficients dans un A-module M un A-complexe au sens de Leray en attribuant à chaque simplexe comme support l'ensemble des points qui le forment et à une combinaison linéaire de simplexes la réunion des supports des simplexes qui y figurent avec un coefficient non nul; nos règles sont bien vérifiées, en particulier $S(dk) \subset S(k)$.

Pour la cohomologie les supports sont définis différemment. On attribue tout d'abord à chaque sommet son étoile (fermée) dans la subdivision barycentrique, c'est-à-dire l'ensemble des simplexes de la subdivision qui ont ce point comme sommet, à un simplexe on fait correspondre l'intersection des supports de ses sommets et à une cochaîne la réunion des supports des simplexes (au nouveau sens) sur lesquels elle prend une valeur non nulle, ce support est fermé si le polyèdre est localement fini, ce que nous supposons. On a
$H^p(xK) = 0$ si $p > 0$, $H^o(xK) \cong M$. En effet, les simplexes dont le support rencontre x sont toutes les faces d'un seul simplexe, on peut identifier xK aux cochaînes d'un simplexe, pour lequel le théorème est bien connu. Si M = A, les cochaînes à support compact forment une couverture.

2) Cochaînes d'Alexander-Spanier.

Soit M un A-module; une cochaîne d'Alexander-Spanier de degré p sur X est une fonction $f^p(x_o,\dots,x_p)$ à valeurs dans M de p+1 points de X. On définit

$$f^p + g^p\ (x_o,\dots,x_p) = f^p(x_o,\dots,x_p) + g^p(x_o,\dots,x_p)$$

$$(af^p)\ (x_o,\dots,x_p) = a.f^p(x_o,\dots,x_p) \qquad (a \in A)$$

df comme cochaîne de degré p+1 par

$$df\ (x_o,\dots,x_{p+1}) = \sum (-1)^i \quad f^p(x_o,\dots,\hat{x}_i,\dots,x_{p+1})$$

où $(x_o,\dots,\hat{x}_i,\dots,x_{p+1})$ désigne la suite $x_o,\dots,x_{p+1}$ privée de x_i. Si M est une algèbre, le produit de f^p et g^q sera

$$f^pg^q\ (x_o,\dots,x_{p+q}) = f^p(x_o,\dots,x_p) \cdot g^q(x_p,\dots,x_{p+q})$$

c'est donc une cochaîne de degré p+q. Nous obtenons ainsi un A-module ou une A-algèbre canonique, graduée par des degrés $\geqslant 0$. Il nous faut encore définir des supports. Pour cela on dira que $x \in X - S(f^p)$ si x possède un voisinage V_x tel que

$f^p(x_o,\dots,x_p) = 0$ quand $x_o,\dots,x_p \in V_x$. S(f) est évidemment fermé. Les cochaînes de support vide sont donc les cochaînes nulles lorsque les arguments sont suffisamment voisins. Le complexe d'Alexander-Spanier des cochaînes à valeurs dans M sera le quotient de l'ensemble des cochaînes que nous venons de définir par les cochaînes de support vide. Cela revient à dire que nous considérons comme identiques 2 fonctions qui prennent les mêmes valeurs sur des arguments voisins. Nous le noterons K_M; K_M est <u>un complexe fin</u>. Soit en effet $U_1,\dots,U_n$ un recouvrement ouvert (qui n'a même pas besoin d'être propre), $f^p \in K_M$, on définit

$r_1(f^p)\ (x_o,\dots,x_p) = f^p(x_o,\dots,x_p)$ si $x_o \in U_1$, nulle sinon.

$r_2 f^p\ (x_o,\dots,x_p) = f^p$ si $x_o \in U_2 - U_1$, nulle sinon.

$\vdots$

$r_n f^p\ (x_o,\dots,x_p) = f^p$ si $x_o \in U_n-(U_1 \cup \dots \cup U_{n-1})$, nulle sinon.

Il est clair que $r_1 f^p + \dots + r_n f^p = f^p$ et que $S(r_i f^p) \subset \bar{U}_i \cap S(f^p)$.

Ensuite, on a $H^p(xK_M) = 0 \quad p>0$, $H^o(xK_M) \cong M$. Soit en effet $dxf^p = xdf^p = 0$, cela signifie que df^p est identiquement nulle dans un voisinage de x. Si $p=0$, f^p est donc constante au voisinage de x, égale à $m \in M$, et réciproquement, d'où $H^o(xK_M) \cong M$, la classe de $H^o(xK_M)$ correspondant à $m \in M$ étant celle qui contient la section par x de la fonction constante sur X égale à m. Si $p>0$, définissons g^{p-1} par

$$g^{p-1}(y_o,\dots,y_{p-1}) = f^p(x,y_o,\dots,y_{p-1}).$$

En explicitant $df^p = 0$, on verra que dans V_x: $f^p = dg^{p-1}$, donc $xf^p = xdg^{p-1}$ est un cobord.

Enfin si M = A, la fonction égale à 1 sur un compact F, à 0 en dehors, est une unité relative pour F, et comme K_A est évidemment sans torsion, ses éléments à support compact forment une A-couverture fine.

On verra de même que les fonctions à valeurs réelles à supports compacts qui sont continues pour l'ensemble de leurs arguments forment une R-couverture fine (pour démontrer "fine", on utilisera une partition continue de l'unité $f_1,\dots,f_n$ et $r_i(f^p)$ sera le produit de f^p par f_i). En prenant dans une variété de classe C^k des partitions différentiables de l'unité, on verra que les cochaînes de classe C^k forment aussi une R-couverture fine. Résumons tout cela dans le

THEOREME 9. Le complexe séparé K_M des cochaînes d'Alexander-Spanier à valeurs dans le A-module (A-algèbre) M est canonique fin (avec produit), gradué par des degrés ≥ 0. De plus $H(xK_M) = H^o(xK_M) \cong M$.
A désignant un corps ou l'anneau Z, K^*_A est une A-couverture fine.
Les cochaînes d'Alexander-Spanier à valeurs réelles continues et à supports compacts forment une R-couverture fine, de même que les cochaînes à supports compacts de classe C^k dans une variété de classe C^k.

3) Cochaînes alternées.

En supposant bien ordonnés les points de X_o par une relation $<$ on peut se borner à considérer les fonctions $f^p(x_o,\dots,x_p)$ définies lorsque $x_o < x_1 < \dots < x_p$, ou ce qui revient au même les fonctions $f^p(x_o,\dots,x_p)$ antisymétriques, et nulles si 2 arguments sont identiques. On définira le produit (s'il y a lieu) comme en cohomologie simpliciale. Le complexe ainsi obtenu vérifie un théorème analogue au théorème 9, qui se démontre de la même façon que ce dernier (cf. [2], Nos.16 & 38).

4) Cochaînes singulières.

On renvoie à S.Eilenberg, Annals of Math.45, 407-47 (1944) et 48, 670-81 (47), pour les définitions relatives à l'homologie singulière. Rappelons simplement qu'un simplexe singulier de dimension p de X est une application continue $T : s^p \to X$ d'un simplexe de dimension p de l'espace euclidien dans X. Une cochaîne singulière de degré p à valeurs dans M sera une fonction à valeurs dans M des simplexes singuliers de dimension p; $df^p\ (s^{p+1})$ sera égal à la valeur de f sur le bord de s; si M est une algèbre $f^p.g^q\ (s^{p+q})$ sera égal à la valeur de f^p sur le p-simplexe déterminé par les p+1 premiers sommets de s^{p+q} par la valeur de g^q sur le q-simplexe déterminé par les q+1 derniers sommets. Soit CS'_M le module (ou algèbre) de ces cochaînes. $H(CS'_M)$ est le module (algèbre) de cohomologie singulière de X, à valeurs dans M.

Définissons maintenant les supports. On dira $x \in X-S(f^p)$ si x a un voisinage V_x tel que f^p soit nulle sur tous les simplexes singuliers contenus dans V_x. Le quotient de CS'_M par les cochaînes de support vide sera le complexe des cochaînes singulières de X à valeurs dans M, noté CS_M.

On démontre que l'homomorphisme naturel de CS'_M sur CS_M est un isomorphisme de $H(CS'_M)$ sur $H(CS_M)$; (cf. H. Cartan, Séminaire de l'E.N.S. 48-49, Exp. VIII). Nous l'admettrons ici.

CS_M est un complexe fin (même démonstration que pour K_M), mais on n'a pas forcément $H(xCS_M) \cong M$; c'est cependant vrai si X est un espace HLC (cf. H. Cartan, loc.cit., Exp. XIII, p.3 et Exp.XIV, début). Sans reproduire la démonstration, mentionnons qu'un espace est HLC si pour tout point x, tout voisinage V de x et tout entier $p \geqslant 0$ il existe un voisinage V_p de x tel que : pour p=0, tout point de V_o peut être relié à x par un arc de V (i.e. X est localement connexe par arc), pour $p > 0$: tout cycle singulier de dimension p contenu dans V_p est bord d'une chaîne singulière contenue dans V.

Si CS_M^* et $CS_M'^*$ sont les éléments à supports compacts de CS et CS' on montre aussi que $H(CS_M^*) \cong H(CS_M'^*)$; ce dernier définit la cohomologie singulière à supports compacts de X, à valeurs dans M.

Dans une variété différentiable de classe C^k on peut introduire la notion de simplexe singulier de classe C^k. Il est défini par une application continue $f : s^p \to X$ qui peut être prolongée à un ouvert contenant s^p en une application de classe C^k au sens usuel. Une cochaîne singulière différentiable à valeurs dans M sera une fonction définie a priori uniquement sur les simplexes singuliers différentiables. On en forme comme précédemment un A-module à supports $CS_M'^k$ et un complexe séparé CS_M^k associé. De nouveau $H(CS_M'^k) \cong H(CS_M^k)$, et de même pour les éléments à supports compacts.

CS_M^k est un A-complexe canonique fin (même démonstration que pour K_M), et de plus $H(xCS_M^!) = H^o(xCS_M^!) \cong M$. Ici, en effet, X est HLC (à vrai dire, il faut un peu modifier les démonstrations que l'on fait pour la cohomologie singulière usuelle de manière à ne pas sortir du différentiable). Finalement on a le

THEOREME 10. Le complexe séparé CS_M des cochaînes singulières à valeurs dans le A-module M est un A-complexe canonique fin gradué par des degrés $\geqslant 0$; $H(CS_M)$ est isomorphe au module (algèbre) de cohomologie singulière de X. Si X est HLC, $H(xCS_M) = H^o(xCS_M) \cong M$ et CS_A^* est une A-couverture fine.

Dans une variété de classe C^k le complexe séparé CS_M^k des cochaînes singulières différentiables est canonique fin et $H(xCS_M^k) = H^o(xCS_M^k) \cong M$. En particulier, $(CS_A^k)^*$ est une A-couverture fine. CS_M^k a même cohomologie que le module de toutes les cochaînes singulières différentiables.

<u>Les éléments à supports compacts de CS'_M et CS_M fournissent la même cohomologie, de même pour CS'^k_M et CS^k_M</u> (si X est une variété de classe C^k).

5) Formes différentielles extérieures sur une variété différentiable.

Elles forment comme on sait une R-algèbre canonique. Soit w une telle forme, on dira que $x \in X-S(w)$ si w est identiquement nulle au voisinage de x. S(w) est fermé et l'ensemble des formes différentielles munies de ces supports forme un R-complexe canonique que nous noterons Φ. Il est <u>fin</u> (pour le voir, utiliser des partitions différentiables de l'unité), sans torsion, gradué par des degrés $\geqslant 0$ et muni d'un élément neutre à support égal à X : la fonction constante égale à 1. Enfin on a $H(x\Phi) = H^o(x\Phi) \cong R$. En effet $dxw^p = xdw^p = 0$ signifie que dans un voisinage V_x de x $dw^p = 0$, on peut supposer que ce voisinage est une boule ouverte de R^n. Si p = 0 cela signifie que w^p est constante dans V_x, d'où l'on déduit facilement que $H^o(x\Phi) \cong R$. Si $p > 0$, il existe dans V_x une forme w^{p-1} telle que $w^p = dw^{p-1}$ dans V_x (d'après ce que H. Cartan appelle le lemme de Poincaré et E. Cartan la réciproque au théorème de Poincaré!). Soit enfin f une fonction différentiable nulle en dehors de V_x, et égale à 1 sur un voisinage V* de x contenu dans V_x. fw^{p-1} est alors une forme différentielle définie sur tout X et dans V* on aura encore $w^p = dfw^{p-1}$, donc $xw^p = xdfw^{p-1} = dxfw^{p-1}$ est bien un cobord et $H^p(x\Phi) = 0$ si $p > 0$.

THEOREME 11. <u>Les formes différentielles extérieures à supports compacts d'une variété forment une R-couverture fine anticommutative.</u>

Exposé III : LE THEOREME FONDAMENTAL

*****

1. 2 lemmes de passage du local au global.

LEMME 1. <u>Soit</u> f <u>un homomorphisme d'un complexe fin</u> K' <u>dans un complexe</u> K <u>à supports compacts qui induit pour tout</u> x <u>un isomorphisme</u> f_x <u>de</u> xK' <u>sur</u> xK.
<u>Alors</u> f <u>est un isomorphisme de</u> K' <u>sur</u> K.

Si $x \in S(k')$, alors $x \in S(f(k'))$ puisque f_x est un isomorphisme donc f conserve les supports et est un isomorphisme dans; il reste à voir que c'est un homomorphisme <u>surjectif</u> .

Soit $k \in K$, nous avons à trouver $k' \in K'$ tel que $k = f(k')$; f_x étant un isomorphisme, il existe en tout cas pour tout x $k'_x \in K'$ tel que

$$xk = f_x(xk'_x) = xf(k'_x)$$

ainsi, $x \notin S(k-f(k'_x))$ et comme ce dernier est fermé, il existe un voisinage $\bar{V}_x$ de x sans points communs avec $S(k-f(k'_x))$ donc

$$yfk'_x = yk \quad \text{pour } y \in \bar{V}_x$$

on peut supposer $\bar{V}_x$ compact; S(k) étant compact on peut trouver un nombre fini de points $x_1,\dots,x_n$ tels que $V_{x_1} \cup V_{x_2} \cup \dots \cup V_{x_n} \supset S(k)$ nous poserons $V_i = V_{x_i}$, $k'_i = k_{x_i}$, donc

$$yk = yf(k'_i) \quad \text{pour } y \in \bar{V}_i \quad (i = 1,\dots,n).$$

Soit encore V_o tel que $V_o \cup V_1 \cup \dots \cup V_n = X$, $\bar{V}_o \cap S(k) = \emptyset$; posant $k'_o = 0$ on peut écrire

(1) $\quad yk = yf(k'_i) \quad$ pour $y \in \bar{V}_i \quad$ (i variant de 0 à n).

Soient r_i les endomorphismes de K' correspondant au recouvrement $V_o,\dots,V_n$ (qui est propre); r_i diminue les supports, donc si $yf(k') = yf(k'')$ on a aussi $y(f(r_ik')) = yf(r_ik'')$, on définit donc sans ambiguité un endomorphisme $s_{y,i}$ de yK en posant $s_{y,i}yk = yf(r_ik')$ lorsque $yk = yf(k')$. Evidemment $s_{y,0}+\dots+s_{y,n}$ est l'identité et de plus il importe de remarquer que $s_{y,i}yk = 0$ si $y \notin \bar{V}_i$, car dans ce cas $S(f(r_ik')) = S(r_ik') \subset \bar{V}_i$ ne rencontre pas y. On tire ensuite de (1)

(2_i) $\quad s_{y,i}yk = yf(r_ik'_i) \quad$ pour $y \in \bar{V}_i$

si maintenant $y \notin \overline{V}_i$, le 1er membre est nul d'après ce que nous venons de dire et il en est de même du 2ème membre puisque $r_i k'_i$ a un support contenu dans $\overline{V}_i$. Par conséquent (2_i) vaut pour y quelconque. Posons $k' = r_o k'_o + \dots + r_n k'_n$ et ajoutons les égalités (2_i) membre à membre il vient

$$yk = yf(k') \quad \text{pour tout } y \in X$$

donc $y(k-f(k')) = 0$ pour tout y, $k-f(k')$ a un support vide et est nul (axiome 2 des complexes), donc $k = f(k')$.

LEMME 2. Soit C une couverture, K un complexe fin à supports compacts. Alors l'homomorphisme canonique de K dans C o K (cf. Théor.8, Exp. II) induit un isomorphisme de H(K) sur H(C o K).

A première vue, ce lemme ne semble pas formuler un passage du local au global, mais pour l'interpréter de cette façon, il suffit de remarquer que xu étant non divisible par des entiers, l'homomorphisme $f_x : xK \to u_x \times xK$ induit d'après le théorème 6 de l'exposé I un isomorphisme de H(xK) sur H(xC $\times$ xK) = H(x(C o K)) et c'est bien un passage de cet isomorphisme local à un isomorphisme global qui est l'objet du lemme; il y a du reste intérêt à comparer les démonstrations du théor. précité et de ce lemme, qui en est en quelque sorte un analogue topologique.

Soit d_1 la "dérivée partielle" par rapport à C, c'est-à-dire $d_1(c \text{ o } k) = dc \text{ o } k$ (c'est bien un endomorphisme de complexe d'après le No. 1). La démonstration se divise en 2 parties:

1ère partie. Nous voulons montrer qu'un d_1-cocycle de C^p o K est : si $p > 0$ un d_1-cobord (forcément d'un élément de C^{p-1} o K), si $p = 0$ de la forme u_k o k (u_k unité relative à S(k)).

On peut identifier xC $\times$ xK à x (C o K), f_x devenant naturellement l'application $xk \to u_x \times xk$, (u_x unité de xC); xC vérifie toutes les hypothèses imposées à E dans le théor. 6, Exp. I, et l'on peut appliquer la première partie de sa démonstration; si h est un d_1-cocycle, il en est de même de xh, donc:

si $p = 0$: il existe $k(x) \in K$ tel que $xh = u_x \times xk(x) = x(u(x) \text{ o } k(x))$ où u(x) est une unité relative à $S(k) \cup S(k(x))$

si $p > 0$: il existe $m(x) \in C^{p-1}$ o K tel que $xh = d_1 xm(x) = xd_1 m(x)$.

Il en résulte donc

$$yh = y(u(x) \text{ o } k(x)), \quad \text{resp.} \quad yh = yd_1 m(x)$$

lorsque y parcourt l'adhérence $\overline{V(x)}$ d'un voisinage relativement compact convenable de x; C o K étant à supports compacts, on peut faire une construction analogue à celle du lemme précédent : on prend $x_1,\ldots,x_n$ tels que $V(x_1)\cup\ldots\cup V(x_n)\supset S(h)$, on pose $V_i = V(x_i)$, $k_i = k(x_i)$, $m_i = m(x_i)$, on choisit V_o tel que $\bar{V}_o \cap S(h) = \emptyset$ et que $V_o\cup V_1\cup\ldots\cup V_n = X$ et on pose enfin $k_o = m_o = 0$. On a alors, en désignant par u une unité relative à la réunion des $S(k_i)$

$$yh = y(u \circ k_i), \quad \text{resp.} \quad yh = yd_1m_i, \quad (y\in \bar{V}_i), \quad (i = 0,\ldots,n).$$

Soient r_i les endomorphismes de K correspondant au recouvrement V_i. On les fait opérer sur C o K par $r_i(c \circ k) = c \circ r_i(k)$, et alors r_i <u>commute avec la dérivée partielle</u> d_1. On a ensuite si

$p = 0$: $yr_ih = y(u \circ r_i(k_i))$

$p > 0$: $yr_ih = yr_i(d_1m_i) = yd_1(r_im_i) \quad (y \in \bar{V}_i,\ i = 0,\ldots,n)$.

Mais $r_i(h)$, $r_i(d_1m_i)$ et $r_i(k_i)$ ont leurs supports dans $\bar{V}_i$, donc les 2 membres de chacune de ces 2 égalités sont nuls si $y \notin \bar{V}_i$, elles sont donc valables pour y quelconque; en sommant on en tire si $p = 0$: $yh = y(u \circ k)$ avec $k = r_ok_o + \ldots + r_nk_n$, si $p > 0$: $yh = yd_1m$ avec $m = r_om_o + \ldots + r_nm_n$, d'où $h = u \circ k$ resp. $h = d_1m$

<u>2ème partie</u> : il suffit de montrer

1) tout cocycle de C o K est cohomologue à un élément u o k, k cocycle de K.
2) Si u o k est cohomologue à zéro dans C o K, k l'est dans K.

La démonstration se fera exactement de la même façon que celle de la 2ème partie du théor. 6 de l'exp. I, par récurrence sur le poids et elle ne sera pas détaillée ici. Pour être assuré que l'on est dans la même situation algébrique, il faut encore relever que C o K est somme directe des C^p o K (Exp. II, théor.4), que $k \to u \circ k$ est biunivoque (Exp. II, théor. 8), et que pour $h = u \circ k$, $dh = 0$ équivaut à $dk = 0$ (Exp.II, théor. 8).

2. Le théorème fondamental.

THEOREME. Soient C_1, C_2 deux A-couvertures fines. Alors $H(C_1)$ et $H(C_2)$ sont isomorphes. Plus généralement si M est un A-module $H(C_1 \otimes M)$ et $H(C_2 \otimes M)$ sont isomorphes, par un isomorphisme respectant le produit si M est une algèbre.

Il suffit d'appliquer le lemme 2 aux homomorphismes canoniques

$$C_1 \longrightarrow C_1 \circ C_2 \longleftarrow C_2$$

définis au moyen d'unités relatives, pour obtenir la 1ère assertion.

D'après la Prop.1, Exp.II, $K \otimes M$ (K fin à supports compacts), est l'intersection de K et de M, ce dernier étant envisagé comme complexe dont les élements non nuls ont l'espace entier comme support. On forme le diagramme

$$\begin{array}{ccccc} C_1 \otimes M & \xrightarrow{1} & C_2 \circ (C_1 \otimes M) & \xleftarrow{2} & (C_2 \circ C_1) \otimes M \\ & & & & \downarrow 3 \\ C_2 \otimes M & \xrightarrow{1'} & C_2 \circ (C_1 \otimes M) & \xleftarrow{2'} & (C_2 \circ C_1) \otimes M \end{array}$$

1, 1' sont les homomorphismes canoniques, ils induisent des isomorphismes pour les modules (ou algèbres) de cohomologie d'après le lemme 2. 2, 2' sont des isomorphismes définis de façon évidente. Enfin 3 est associé à l'identité sur M et à l'isomorphisme $c^p \circ c^q \to (-1)^{pq} c^q \circ c^p$. Toutes ces applications définissent donc des isomorphismes pour la cohomologie, d'où notre assertion.

Remarques.

1) $H(C_1)$ et $H(C_1 \otimes M)$ ne dépendent que de l'espace et de M, et non de la couverture fine choisie, nous les désignerons par $H(X,A)$ et $H(X,M)$ respectivement. On verra dans l'exposé IV que $H(X,M)$ s'identifie au module (ou à l'algèbre) de cohomologie d'Alexander-Spanier à supports compacts et à coefficients dans M.

2) La démonstration précédente a défini un isomorphisme f_{21} de $H(C_1 \otimes M)$ sur $H(C_2 \otimes M)$ qui est canonique dans le sens suivant: si C_3 est une troisième couverture fine, alors $f_{31} = f_{32} \circ f_{21}$. On le voit en utilisant des homomorphismes de $C_i \circ C_j$, $(i \neq j,\ i,j = 1,2,3)$ dans $C_1 \circ C_2 \circ C_3$; pour la démonstration (dans le cas plus général de la cohomologie relative à un faisceau) voir [2] No. 41.

3. Le cup-produit.

LEMME 3. Soit C une couverture fine. L'automorphisme f défini par $c^p \circ c^q \rightarrow (-1)^{pq}\; c^q \circ c^p$ induit l'identité sur $H(C \circ C)$.

Soit L une deuxième couverture fine. On forme le diagramme

$$\begin{array}{ccccc} C \circ C & \xrightarrow{1} & L \circ (C \circ C) & \xleftarrow{2} & L \\ \downarrow f & & \downarrow 3 & & \downarrow id \\ C \circ C & \xrightarrow{1'} & L \circ (C \circ C) & \xleftarrow{2'} & L \end{array}$$

1,1',2,2' sont les homomorphismes canoniques. 3 est le produit de l'identité sur L et de f. Vu le lemme 2 les applications 1,1',2,2' induisent des isomorphismes pour la cohomologie. Il en résulte immédiatement que 3, et ensuite que f^* induisent l'identité sur la cohomologie.

En particulier, vu le Théor. 8 de l'Exp. II, on a:

LEMME 4. Soient C une couverture fine, h un cocycle de C, u une unité de C relative à S(h). Alors dans $C \circ C$ on a $u \circ h - h \circ u = dm$

THEOREME 1. Soient $h^p \in H^p(X,A)$, $h^q \in H^q(X,A)$. Alors $h^p.h^q = (-1)^{pq} h^q h^p$

Soient C une A-couverture fine, c^p, $c^q \in C$ des représentants de h^p, h^q respectivement; comme l'homomorphisme canonique $c \rightarrow u \circ c$ de C dans $C \circ C$ est un isomorphisme pour la cohomologie, il suffit de montrer que $u \circ c^p.c^q \sim u \circ (-1)^{pq} c^q.c^p$, $\sim$ signifiant cohomologue, et u étant une unité relative à $S(c^p) \cup S(c^q)$. Or on a, en utilisant le lemme 3

$$u \circ c^p.c^q = (u \circ c^p).(u \circ c^q) \sim (c^p \circ u).(u \circ c^q) = c^p \circ c^q$$
$$\sim (-1)^{pq}\, c^q \circ c^p = (-1)^{pq}\, (c^q \circ u).(u \circ c^p) \sim (-1)^{pq}\, (u \circ c^q).(u \circ c^p)$$
$$= (-1)^{pq}\, (u \circ c^q.c^p) = u \circ (-1)^{pq}\, c^q.c^p.$$

THEOREME 2. Les éléments de degré strictement positif de H(X,A) sont nilpotents.

Soit $h \in H^p(X,A)$ $(p > 0)$; à montrer: il existe un entier s tel que $h^s = 0$ (naturellement, s dépendra en général de h).

Soit $c \in C$ un représentant de h dans une couverture fine. Par conséquent pour tout $x \in X$, xc est un cobord, donc $xc = xdm_x$ ou $x(c-dm_x) = 0$, c'est-à-dire que h contient un cocycle ne rencontrant pas x. Soit donc pour x quelconque c_x un cocycle de h ne rencontrant pas x. L'intersection des c_x, x parcourant X, est vide et comme les c_x sont à supports compacts, il y en a déjà un nombre fini dont l'intersection est vide. Soit donc

$$S(c_{x_1}) \cap \dots \cap S(c_{x_s}) = \emptyset, \quad \text{donc} \quad S(c_{x_1} \dots c_{x_s}) = \emptyset, \quad \text{d'où}$$

$$c_{x_1} \dots c_{x_s} = 0 \quad \text{ce qui implique} \quad h^s = 0.$$

4. Un troisième lemme de passage du local au global.

Il arrive fréquemment dans les applications que l'on ait des homomorphismes naturels de couvertures fines et il importe de savoir que ces homomorphismes induisent des isomorphismes pour la cohomologie, ce que le théorème d'unicité ne permet pas d'affirmer. C'est principalement pour cela que nous utiliserons le

LEMME 5. Soient K', K deux complexes fins à supports compacts, gradués par des degrés ≥ 0; on suppose que pour tout x, $H^p(xK') = H(xK) = 0$ $(p > 0)$ et $H^0(xK') \cong H^0(xK)$.

Soit f un homomorphisme de K' dans K induisant pour tout x un isomorphisme de H(xK') sur H(xK). Alors f est un isomorphisme de H(K') sur H(K).

Nous n'écrirons pas en détail la démonstration, qui n'exige pas d'idée nouvelle. Soit C une couverture fine, on notera aussi f l'homomorphisme $C \circ K' \longrightarrow C \circ K$ associé à f sur K et à l'identité sur C. Considérons le diagramme commutatif:

$$\begin{array}{ccc} K' & \xrightarrow{\;1\;} & C \circ K' \\ f\downarrow & & f\downarrow \\ K & \xrightarrow{\;1'\;} & C \circ K \end{array}$$

1 et 1', définis comme plus haut, étant des isomorphismes pour les modules (ou algèbres) de cohomologie, il suffit de montrer que l'homomorphisme $H(C \circ K') \longrightarrow H(C \circ K)$ induit par f est un isomorphisme. Nous divisons la démonstration en 3 parties.

<u>1ère partie</u>:

1) tout cocycle de C o K est cohomologue à un cocycle de C o K^o,

2) si un cocycle de C o K^o est un cobord, il est contenu dans d(C o K^o); de même pour C o K'.

Plaçons-nous par exemple dans C o K, les démonstrations seront les mêmes pour C o K', et suivant de très près celle du lemme 2, dans laquelle cependant il faut changer les rôles de C et K.

Soit d_2 la dérivée partielle par rapport à K, donc d_2(c o k) = c o dk. Il faut tout d'abord établir qu'un d_2-cocycle de C o K^p ($p > 0$) est d_2-cobord d'un élément de C o K^{p-1}. Désignons par H_2 le module de cohomologie par rapport à d_2, on a H_2(x(C o K)) = H_2(xC ⊗ xK) = xC ⊗ H(xK) (Exp.I, Théor.7), donc vu l'hypothèse faite sur H(xK) il existe $m_x \in$ C o K^{p-1} tel que $xh = d_2 x m_x = x d_2 m_x$; on passera ensuite du local au global de la même façon que dans la 1ère partie de la démonstration du lemme 2 en utilisant les endomorphismes r_i de C, qui, agissant sur C o K par r_i(c o k) = r_i(c) o k, <u>commutent avec</u> d_2, et on obtiendra $m \in$ C o K^{p-1} tel que $h = d_1 m$.

On établira ensuite nos assertions en raisonnant par récurrence sur le poids, défini cette fois par le degré en K.

<u>2ème partie</u>:

Notons Z_2 les cocycles par rapport à d_2; à montrer: f est un isomorphisme de Z_2(C o K'^o) sur Z_2(C o K^o).

Les endomorphismes de C, commutant avec d_2, opèrent sur Z_2(C o K'^o) et Z_2(C o K^o) qui sont donc des complexes fins à supports compacts. Il suffit alors, vu le lemme 1, de montrer que f est un isomorphisme sur leurs sections par chaque point. Admettons pour un instant, (cf. lemme 6), que:

(1) xZ_2(C o K') = Z_2(x(C o K')), xZ_2(C o K) = Z_2(x(C o K)) alors

xZ_2(C o K^o) = Z_2(xC ⊗ xK^o) = xC ⊗ Z(xK^o) = xC ⊗ H^o(xK)

vu le théor. 7 de l'exp. I et le fait que K n'a que des degrés ≥ 0. De même xZ_2(C o K'^o) = xC ⊗ H^o(xK') et f est alors bien un isomorphisme pour les sections par x.

3ème partie:

il suffit de montrer que f est un isomorphisme a) de $Z(C \circ K'^{o})$ sur $Z(C \circ K^{o})$, b) de $B(C \circ K'^{o}) \cap (C \circ K'^{o})$ sur $B(C \circ K^{o}) \cap (C \circ K^{o})$.

Z désigne les cocycles, B les cobords. Soit $h \in Z(C \circ K^{o})$. Alors $h \in Z_2(C \circ K^{o})$, donc il existe un seul $h' \in Z_2(C \circ K'^{o})$ tel que $h = f(h')$, il reste à voir que $dh' = 0$. Or, $dh' \in C \circ K'^{o}$ et $f(dh') = dh = 0$, comme $d_2 h' = 0$ il est immédiat que $ddh' = d_2 dh'$ d'où $dh' \in Z_2(C \circ K'^{o})$ et $f(dh') = 0$ implique $dh' = 0$ (2ème partie).

Soit $h \in B(C \circ K^{o}) \cap (C \circ K^{o})$, donc $h = dm$ $m \in C \circ K^{o}$ (1ère partie), et $d_2 m = 0$; ainsi $m = f(m')$, $m' \in Z_2(C \circ K'^{o})$ et $f(h'-dm') = 0$, d'où $h' = dm'$, car $dm' \in Z_2(C \circ K'^{o})$ vu $d_2 m' = 0$ et $d_2 dm' = ddm' = 0$.

Nous avons admis en cours de démonstration le

LEMME 6. Soit K un complexe fin. On suppose que les endomorphismes r_i correspondant à un recouvrement propre quelconque commutent avec la différentielle. Alors $Z(xK) = xZ(K)$, $D(xK) = xD(K)$.

$xZ(K)$ est évidemment contenu dans $Z(xK)$; soit inversément $xk \in Z(xK)$, il faut montrer que $xk = xk'$, avec $dk' = 0$. On a $dxk = xdk = 0$, il existe donc un voisinage V_1 compact de x tel que $V_1 \cap S(dk) = \emptyset$. Soit V_2 un ouvert dont l'adhérence ne contient pas x et formant avec V_1 un recouvrement propre de X, et soient r_1, r_2 les endomorphismes correspondants de K. On a $k = r_1 k + r_2 k$, $xk = xr_1 k$, $dk = dr_1 k + dr_2 k$. Mais par hypothèse $dr_1 k = r_1 dk$, donc $S(dr_1 k) = S(r_1 dk) \subset V_1 \cap S(dk) = \emptyset$, donc $dr_1 k = 0$. On peut alors prendre $k' = r_1 k$. Démonstration analogue pour la 2ème égalité du lemme 6.

Remarque. La démonstration du lemme 5 est plus compliquée que celle des deux premiers lemmes du passage du local au global. Cela tient au fait que l'on ne dispose ici que de moyens très élémentaires. En fait le lemme 5 est cas particulier d'une assertion qui se démontre plus simplement à l'aide des faisceaux et de l'algèbre spectrale, et qui sera établie au No.7 de l'Exp. VI.

<u>Complément au lemme 5</u>

Il est relatif au produit; supposons que K' et K soient des algèbres differentielles et que <u>pour les éléments de degré 0</u> f respecte le produit. Alors l'isomorphisme H(K') $\longrightarrow$ H(K) respecte le produit d'éléments <u>de degrés quelconques</u>. En effet dans le tableau

$$\begin{array}{ccc} K' & \longrightarrow & C \circ K' \\ f\downarrow & & f\downarrow \\ K & \longrightarrow & C \circ K \end{array}$$

Les homomorphismes horizontaux, qui sont des isomorphismes pour la cohomologie, respectent évidemment le produit. Il suffit donc de voir que
f: H(C o K') $\longrightarrow$ H(C o K) est multiplicatif; f: C o $K'^{o} \longrightarrow$ C o K^{o} respecte naturellement le produit, il en est donc de même pour l'isomorphisme: Z(C o K'^{o}) $\longrightarrow$ Z(C o K^{o}) induit par f, d'où l'assertion en vue, puisque ces 2 sous-algèbres contiennent des représentants de toutes les classes de cohomologie.

Exposé IV : APPLICATIONS ET COMPLEMENTS

*****

1. Cohomologie d'Alexander-Spanier.

Soient K_M le complexe séparé des cochaînes d'Alexander-Spanier sur X, à valeurs dans M, qui est une algèbre si M en est une, et K_M^* ses éléments à supports compacts; K_M^* est un complexe fin canonique, gradué par des degrés $\geqslant 0$ (Exp.II, Théor.8). Soit $f^p \in K_A^*$, en faisant correspondre au couple (f^p, m), où $m \in M$, la cochaîne de K_M^* définie par $g^p(a_o,\dots,a_p) = f^p(a_o,\dots,a_p).m$ on définit une application bilinéaire de $\Omega(K_A^*,M)$, notations de l'Exp. I, dans K_M^*, d'où par passage au quotient, un homomorphisme de $K_A^* \otimes M$ dans K_M^*. On a pour tout x,

$x(K_A^* \otimes M) = xK_A^* \otimes M$ et $H(x(K_A^* \otimes M)) = H(xK_A^*) \otimes M \cong M$ (Exp.I, Théor.6) et

$H(xK_A^*) \cong M$ (Exp.II, Théor.9) et il est clair que f est un isomorphisme pour les modules de cohomologie en chaque point. Le lemme 5 de l'Exp.III et le théorème fondamental donnent alors le:

THEOREME 1. Si C est une A-couverture fine, C* l'ensemble de ses éléments à supports compacts, M un A-module, $H(C^* \otimes M)$ est isomorphe au module de cohomologie d'Alexander-Spanier de X à supports compacts à valeurs dans M, cet isomorphisme respectant le produit si M est une algèbre.

En particulier, si A est un corps, il résulte de la formule des coefficients universels que $H(K_M^*) = H(K^*) \otimes M$.

On a un théorème analogue pour les cochaînes alternées L_M à valeurs dans M. D'autre part L_M^* est un sous-complexe de K_M^* mais si M est une algèbre, cette injection ne respecte pas le produit (qui dans L_M est défini à l'aide d'un bon ordre des points de X, comme le cup-produit simplicial), sauf cependant sur les éléments de degré zéro. Cette injection induit donc un isomorphisme sur les algèbres de cohomologie, compatible avec le produit, en vertu du complément au lemme 5, Exp. III.

Cohomologie d'un sous-espace. Soit C une couverture fine de X, et $Y \subset X$, alors la section YC est une couverture fine de Y (Exp.II, Théor. 7 1) & 2)), donc H(YC*) donne la cohomologie de Y. Si $C = K_A$ est le complexe d'Alexander-Spanier, YC n'est pas l'ensemble $K_A(Y)$ des cochaînes d'Alexander-Spanier de Y, ce dernier est un quotient de YC. En effet en faisant correspondre à une cochaîne de X sa restriction à Y on a un homomorphisme de K_A dans $K_A(Y)$ qui est évidemment sur et dont le noyau est l'ensemble des cochaînes de X nulles lorsque les arguments sont des points suffisamment voisins mais situés sur Y ; par contre le noyau de $K_A \longrightarrow YK_A$ est l'ensemble des cochaînes à supports dans X-Y, donc nulles quand leurs arguments sont suffisamment voisins d'un point de Y , il est donc contenu dans le noyau de $K_A \longrightarrow K_A(Y)$.

Suite exacte de cohomologie à supports compacts. Cohomologie relative.

Soient F un sous-espace fermé de X, C une A-couverture fine de X, C_{X-F} l'ensemble de ses éléments à supports dans X-F. C'est donc le noyau de la section par F. Soit encore M un A-module. Alors la suite

(1) $$0 \to C_{X-F} \otimes M \longrightarrow C \otimes M \longrightarrow FC \otimes M \longrightarrow 0$$

est exacte.

Démonstration: comme C est sans torsion, l'égalité $ac \in C_{X-F}$ ($a \in A$, $a \neq 0$, $c \in C$) entraine $c \in C_{X-F}$, par conséquent, si B est un sous-module de type fini de C, l'intersection $C_{X-F} \cap B$ est un facteur direct et l'application de $(C_{X-F} \cap B) \otimes M$ dans $B \otimes M$ est de noyau nul. Il en résulte que l'application de $C_{X-F} \otimes M$ dans $C \otimes M$ est de noyau nul (cf. Bourbaki, Alg. Chap. III § 1 No.3).

Il est clair que $C_{X-F} \otimes M$ est contenu dans le noyau N de $C \otimes M \to FC \otimes M$.
Si $x \in F$, on a $xN = 0$, si $x \in X-F$, on a $x(C_{X-F} \otimes M) = xC_{X-F} \otimes M = xC \otimes M = x(C \otimes M) = xN$ (on a utilisé les théor.4 et 5 de l'exp.II), donc $C_{X-F} \otimes M = N$ d'après le lemme 1 de l'exp. III. Enfin, il est évident que $C \otimes M \to FC \otimes M$ est surjective.

D'après le théor. 7 de l'Exp. II, C_{X-F} et FC sont des couvertures fines de X-F et F respectivement. On déduit donc de (1) d'après le procédé standard une suite exacte pour la cohomologie à supports compacts

(2) $$\to H^i(X-F,M) \to H^i(X,M) \longrightarrow H^i(F,M) \to H^{i+1}(X-F,M) \to$$

Cette suite exacte ne dépend pas de la couverture fine choisie. Plus précisément soient C_i ($i = 1,2$) deux A-couvertures fines, $(1)_i$ la suite exacte (1) où C est remplacé par C_i, et $(2)_i$ la suite exacte dérivée de $(1)_i$. Alors il y a un isomorphisme canonique de $(2)_1$ sur $(2)_2$. Pour le voir on considère $C_1 \circ C_2$; c'est une couverture fine de X. D'autre part, en utilisant les théorèmes 4,5 de l'Exp. II et le lemme 1 de l'exp. III on voit que

$$C_{1,X-F} \circ C_{2,X-F} = (C_1 \circ C_2)_{X-F}$$

$$FC_1 \circ FC_2 = F(C_1 \circ C_2)$$

d'où une suite exacte

$$(3) \qquad 0 \to C_{1,X-F} \circ C_{2,X-F} \otimes M \to C_1 \circ C_2 \otimes M \to FC_1 \circ FC_2 \otimes M \to 0.$$

En utilisant des unités relatives on définit de façon évidente un homomorphisme de $(1)_1$ dans (3) qui induit un isomorphisme pour la cohomologie d'après le lemme 2 de l'Exp. III, d'où finalement un isomorphisme de $(2)_1$ sur $(2)_2$.

Considérons le complexe K_X des cochaînes d'Alexander-Spanier de X, à supports compacts. Par restriction à F on définit un homomorphisme de K_X dans K_F qui est évidemment surjectif. Son noyau K' est formé des cochaînes nulles lorsque les arguments sont sur F et voisins d'un point de F, il contient donc K_{X-F} (car ce dernier est formé des cochaînes nulles lorsque les arguments sont voisins dans X d'un point de F) et on a le diagramme commutatif, où les lignes et colonnes sont exactes:

$$\begin{array}{ccccccccc}
 & & 0 & & 0 & & & & \\
 & & \downarrow & & \downarrow & & & & \\
0 & \longrightarrow & K_{X-F} & \longrightarrow & K_X & \longrightarrow & FK_X & \longrightarrow & 0 \\
 & & \downarrow & & \downarrow & & \downarrow & & \\
0 & \longrightarrow & K' & \longrightarrow & K_X & \longrightarrow & K_X/K' & \longrightarrow & 0 \\
 & & & & \downarrow & & \downarrow & & \\
 & & & & 0 & & 0 & &
\end{array}$$

d'où le diagramme commutatif suivant, où les lignes sont exactes.

$$\begin{array}{ccccccccc}
\longrightarrow & H^p(K_{X-F}) & \longrightarrow & H^p(K_X) & \longrightarrow & H^p(FK_X) & \longrightarrow & H^{p+1}(K_{X-F}) & \longrightarrow \\
 & \downarrow 1_p & & \downarrow 2_p & & \downarrow 3_p & & \downarrow 1_{p+1} & \\
\longrightarrow & H^p(K') & \longrightarrow & H^p(K_X) & \longrightarrow & H^p(K_X/K') & \longrightarrow & H^{p+1}(K') & \longrightarrow
\end{array}$$

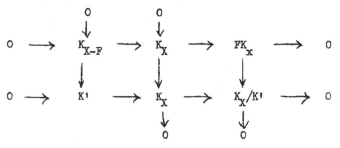

Du lemme 5 de l'Exp. III on déduit que 3_p est un isomorphisme: comme il en est évidemment de même pour 2_p, l'application 1_p est un isomorphisme d'après le "lemme des cinq". D'autre part, H(K') est par définition la <u>cohomologie à supports compacts relative</u> de X mod F, que nous noterons H_c(X mod F; M). Lorsque X est compact c'est la cohomologie relative usuelle. Finalement nous avons le

THEOREME 2. <u>Soient</u> X <u>un espace localement compact</u>, F <u>un sous-espca fermé. Alors</u> H_c(X mod F; M) <u>s'identifie canoniquement à</u> H(X-F, M); <u>on a une suite exacte</u>

$$\longrightarrow H^p(X-F,M) \longrightarrow H^p(X,M) \longrightarrow H^p(F,M) \longrightarrow H^{p+1}(X-F,M) \longrightarrow$$

<u>qui s'identifie à la suite exacte de cohomologie à supports compacts relative.</u>

En particulier, si X est compact on voit que la cohomologie relative d'un compact modulo un fermé est un invariant de l'espace différence. Le fait que cela vaut aussi pour X non compact lorsque l'on considère la cohomologie à <u>supports compacts</u> relative m'a été signalé par E. Spanier. On sait que cela est faux lorsque l'on prend X non compact et que l'on considère la cohomologie relative usuelle.

<u>Espace de dimensions finies.</u> Pour la théorie de la dimension, on renvoie à Hurewicz-Wallmann, Dimension Theory, Princeton 1948. Un espace X de dimension n, séparable métrique, est homéomorphe à un sous-espace de R^{2n+1} formé de points ayant au plus n coordonnées rationnelles (loc.cit. p.64). Se basant sur ce théorème, on peut construire une Z-couverture fine de X dont les degrés sont $\leq$ n (cf. [2], No.40) et naturellement si A est un corps C $\otimes$ A sera une A-couverture fine ayant la même propriété. On a donc le

THEOREME 3. <u>Un espace localement compact séparable métrique de dimension</u> n <u>a une A-couverture fine dont les degrés sont</u> $\leq$ n. <u>En particulier pour la cohomologie d'Alexander-Spanier à supports compacts,</u> $H^i(X,A) = 0$ <u>si</u> $i > n$.

La dernière assertion vaut aussi pour la cohomologie d'Alexander-Spanier à supports fermés quelconques. On ne sait pas si une proposition analogue est vraie en cohomologie singulière. (Eilenberg, On the problems of topology, Ann.Math. 50, 247-60 (50), Probl. 22).

2. Cohomologie singulière des espaces HLC.

Soit CS_M le complexe (séparé) des cochaînes singulières de X à valeurs dans M. En faisant correspondre à une cochaîne d'Alexander-Spanier sa restriction aux (p+1)-uples de points qui sont sommets d'un simplexe singulier de dimension p on définit un homomorphisme de K_M sur CS_M et de K_M^* sur CS_M^*, compatible avec le produit si M est une algèbre. K_M^* et CS_M^* sont fins à supports compacts. Si maintenant X est HLC, $H(xCS_M^*) = H(xCS_M) \cong M$ et est de de degré 0 (Exp.II, Théor.9) et il est clair que f est un isomorphisme sur pour les modules de cohomologie en chaque point, le lemme 5 donne

THEOREME 4. <u>Si</u> X <u>est localement compact</u> HLC, M <u>un A-module, il y a un isomorphisme naturel de sa cohomologie d'Alexander-Spanier à supports compacts sur la cohomologie singulière à supports compacts, (toutes deux étant prises à valeurs dans</u> M), <u>compatible avec le produit si</u> M <u>est une algèbre</u>.

N.B. Ce théorème vaut aussi pour la cohomologie à supports fermés quelconques.

Soit maintenant X <u>compact</u> HLC et A un corps; notons $H_i(X,A)$ le i-ème groupe d'homologie singulière de X à valeurs dans A, $H^i(X,A)$ son i-ème groupe de cohomologie (singulière ou de Spanier-Alexander). Nous voulons démontrer le

THEOREME 5. <u>Si</u> X <u>est compact</u> HLC, $H^i(X,A)$ <u>a un nombre fini de générateurs</u> (i <u>quelconque</u>, A = Z <u>ou un corps</u>).

(En fait, si l'on utilise la règle de Künneth, on voit qu'il suffit de démontrer le théorème pour Z.) Désignons par S_A le module des chaînes singulières de X à coefficients dans A, posons $CS'_M = \mathrm{Hom}(S_A, M)$ et désignons par CS_M le complexe séparé des cochaînes singulières, c'est un quotient de CS'_M et comme nous l'avons rappelé dans l'Exp. II, p. 11, la projection de CS'_M sur CS_M est un isomorphisme de $H(CS'_M)$ sur $H(CS_M)$. On a un homomorphisme évident de $CS'_A \otimes M$ dans CS'_M (même définition que pour les cochaînes de Spanier-Alexander, Exp. IV, No.1) qui passe aux quotients, d'où un diagramme commutatif

$$\begin{array}{ccc} CS'_A \otimes M & \xrightarrow{\;3\;} & CS'_M \\ \downarrow 1 & & \downarrow 2 \\ CS_A \otimes M & \xrightarrow{\;4\;} & CS_M \end{array}$$

CS_A est ici une A-couverture fine, on pourra appliquer le lemme 5 de l'Exp. III et ainsi 4 est un isomorphisme pour la cohomologie, comme 1 et 2 le sont aussi, il en est de même de 3. Nous avons donc un isomorphisme :

$$H(\mathrm{Hom}(S_A,A) \otimes M) \xleftrightarrow{3^*} H(\mathrm{Hom}(S_A,M)) = H(X,M)$$

Disons qu'un élément de $\mathrm{Hom}(S_A,M)$ est de <u>type fini</u> si l'ensemble de ses valeurs sur S_A est un module à un nombre fini de générateurs. L'image de 3 est évidemment formée des éléments de $\mathrm{Hom}(S_A,M)$ qui sont de type fini. Tout cocycle de $\mathrm{Hom}(S_A,M)$ fournit, comme on sait, un homomorphisme de $H_i(X,A)$ dans M d'où l'on déduit un homomorphisme de $H^i(X,M)$ dans $\mathrm{Hom}(H_i(X,A),M)$ qui est même <u>surjectif</u> d'après la formule des coefficients universels, (ici $H_i(X,A) = H_i(S_A)$ est le ième groupe d'homologie singulière à valeurs dans A). Par conséquent, vu 3*, $\mathrm{Hom}(H_i(X,A),M)$ <u>ne contient que des homomorphismes de type fini</u>. En particulier si $M = H_i(X,A)$, l'homomorphisme identique doit être de type fini, donc $H_i(X,A)$ est de type fini $(i = 0,1,\ldots)$. Il en sera de même pour $H^i(X,A)$ d'après la formule des coefficients universels.

3. <u>Cohomologie des variétés différentiables.</u>

Soit X une variété différentiable de classe C^k. On a un homomorphisme évident $f : CS_M \rightarrow CS_M^k$ = cochaînes singulières différentiables, qui est un isomorphisme sur des modules de cohomologie en chaque point, tous deux de degré 0 et isomorphes à M, f est compatible avec le produit si M est une algèbre.

Par intégration sur les simplexes singuliers différentiables une forme différentielle définit une cochaîne singulière différentiable d'où un homomorphisme $g : \Phi \rightarrow CS_R^k$, qui n'est cependant pas compatible avec le produit, sauf sur les éléments de degré 0. g est un isomorphisme pour les algèbres de cohomologie en chaque point, d'où par application du lemme 5 et de son complément:

THEOREME 6. <u>Soit</u> X <u>une variété différentiable de classe</u> C^k.

1) <u>On a un isomorphisme naturel de la cohomologie singulière à supports compacts, à valeurs dans</u> M, <u>sur la cohomologie singulière différentiable à supports compacts, à valeurs dans</u> M, <u>compatible avec le produit si</u> M <u>est une algèbre.</u>
2) <u>On a un isomorphisme naturel de l'algèbre de cohomologie des formes différentielles à supports compacts sur l'algèbre de cohomologie singulière à supports compacts, à valeurs dans</u> R, <u>compatible avec le produit.</u>

N.B. Ce théorème vaut aussi pour la cohomologie à supports non compacts.
2) est un des théorèmes de de Rham.

4. Couvertures fines anticommutatives.

Nous admettrons ici le fait qu'un polyèdre fini contractile en un point a une cohomologie triviale, et renvoyons à [2] No.67 pour une démonstration dans le cadre de la théorie de Leray (valable pour les espaces compacts connexes).

Etant donnée une A-couverture fine K de X, on a vu que sa section FK par un sous-espace est une A-couverture fine de ce dernier et ainsi, l'application $k \to Fk$ induit un homomorphisme $H(X,A) \longrightarrow H(F,A)$ que nous noterons i^*, et qui sera discuté plus en détail dans l'Exp. VII, No.2; il est indépendant de K.

On sait que les formes différentielles forment une algèbre anticommutative, c'est-à-dire dans laquelle on a la règle $u^p.u^q = (-1)^{pq} u^q.u^p$ comme dans l'algèbre de cohomologie. Puisque la section d'une couverture fine par un sous-espace est une couverture fine, on tire en particulier du théorème d'immersion de Menger - Nöbeling la première assertion du:

THEOREME 7. (1) <u>Un espace compact séparable métrique de dimension finie possède une R-couverture fine anticommutative.</u>

(2) <u>Soit p un nombre premier et soit A un corps de caractéristique p. Alors il n'est pas possible d'introduire sur tout polyèdre fini une A-couverture fine anticommutative.</u>

Il nous reste à établir (2); nous commencerons par prouver l'assertion suivante: Soient X un espace compact, F un sous-espace et supposons que X possède une A-couverture fine anticommutative K. Alors pour tout $h \in H^{2s}(F,A)$, (s entier ≥ 0), $h^p \in i^*(H(X,A))$. (Notations du 2ème alinéa de ce No). En effet, puisque FK est une A-couverture fine de F, il existe $k \in K$ tel que Fk représente h; comme K est anticommutative, et k de degré pair, k est dans le centre de K, d'où $d(k^j) = j.k^{j-1}.dk$ pour tout entier $j > 0$, et en particulier $d(k^p) = 0$. Ainsi k^p est un <u>cocycle</u>; il représente une classe de cohomologie dont l'image par i^* est h^p par définition, ce qui établit notre assertion.

Supposons en particulier que X soit le cône sur F, donc que X soit le produit de F par l'intervalle $[0,1]$, dans lequel on a identifié entre eux les points $(f,1)$.

Alors X est contractile en un point, donc a une cohomologie triviale et s'il possède une A-couverture fine anticommutative, il résulte de ce qui a été démontré que pour tout $h \in H^{2s}(F,A)$, $(s > 0)$, on a $h^p = 0$.

Comme le cône sur un polyèdre fini est aussi un polyèdre fini, il suffit pour établir (2) d'exhiber un polyèdre fini F possédant une classe de cohomologie à coefficients dans A, de degré pair, dont la p-ième puissance est non nulle. On peut prendre par exemple l'espace projectif complexe $P_m(C)$ à m dimensions complexes pour tout $m \geqslant p$. En effet, on sait que $H(P_m(C),A)$ est le quotient d'un anneau de polynomes $A[x]$ à une variable de degré 2 par l'idéal qu'engendre x^{m+1}, (cela se voit par exemple en appliquant la suite exacte de Gysin (cf. Exp. IX), à la fibration de Hopf $S_{2m+1}/S_1 = P_m(C)$, où S_n désigne la sphère à n dimensions.)

5. Recouvrements simples.

<u>Définition:</u> Un recouvrement localement fini (F_i), $(i \in I)$, par des sous-ensembles compacts est simple (sous-entendu pour les coefficients A) si toute intersection finie non vide d'ensembles du recouvrement a une cohomologie d'Alexander-Spanier triviale (i.e. $H^o \cong A$, $H^i = 0 \cdot i > 0$).

THEOREME 8. <u>Soit</u> (F_i) <u>un recouvrement localement fini par des compacts de l'espace localement compact</u> X <u>qui soit simple, et soit</u> N <u>le nerf de ce recouvrement et</u> H(N,A) <u>l'algèbre de cohomologie simpliciale de</u> N <u>calculée avec les cochaînes simpliciales finies. Alors</u> $H(N,A) \cong H(X,A)$.

Soient: K une A-couverture fine de X, L l'algèbre des cochaînes simpliciales de N, L* l'algèbre des cochaînes simpliciales finies, c'est-à-dire non nulles au maximum sur un nombre fini de simplexes.

A chaque simplexe s^p de N nous faisons correspondre un compact non vide de X, $S(s^p)$, c'est l'intersection des ensembles F_i correspondant à ses p+1 sommets. A une cochaîne $c^p \in L$ nous attachons un support $S(c^p)$, c'est la réunion des $S(s^p)$, où s^p parcourt les simplexes sur lesquels c^p est non nulle. Ce support est fermé car le recouvrement est localement fini et les F_i étant compacts $S(c^p)$ est compact si et seulement si c^p est une cochaîne finie. Nous faisons de la sorte de L un complexe (automatiquement séparé) et L* désigne indifféremment l'ensemble des cochaînes finies ou des éléments à supports compacts. L* est naturellement sans torsion et muni d'unités relatives. Soient $x \in X$ et s^q le simplexe de N dont les sommets sont tous les points correspondant aux F_i contenant x; il est immédiat que xL et xL* s'identifient aux cochaînes définies sur les faces de s^q, par conséquent $H(xL) = H^o(xL) \cong A \cong H^o(xL*) = H(xL*)$, par conséquent, L* considéré comme complexe sur X est une <u>A-couverture</u>. Considérons les homomorphismes

$$L* \xrightarrow{1} K \circ L* \xleftarrow{2} K$$

définis à l'aide d'unités relatives.

Le lemme 2 de l'Exp. III montre que 2 est un isomorphisme des algèbres de cohomologie. Il nous reste donc à voir que 1 en est aussi un. La démonstration sera de nouveau analogue à celle du lemme 2.

<u>1ère partie</u>: Soit d_1 la dérivée partielle par rapport à K. A montrer: un d_1-cocycle de $K^p \circ L*$ est: si $p > 0$ d_1-cobord d'un élément de $K^{p-1} \circ L*$, si $p = 0$, de la forme $u_c \circ c$, u = unité relative à $s(c)$.

Nous numérotons les simplexes de N par un indice j ($j \in J$), et soit u_j la cochaîne égale à 1 sur le simplexe d'indice j, nulle sur les autres. Les u_j forment une base de A-module de L* et si l'on envisage Au_j comme un complexe, L* est aussi en tant que complexe la somme directe des Au_j, de par la définition même des supports. Ainsi

$$K^p \circ L* = \sum_j K^p \circ Au_j$$

$h \in K^p \circ L*$ s'écrit

$$h = \sum_j c_j \circ u_j$$

c_j non nul que pour un nombre fini d'indices, et $d_1 h = 0$ se traduit par $dc_j \circ u_j = 0$. Soit encore S_j le support du simplexe d'indice j et f_j l'homomorphisme naturel $K \circ Au_j \to S_j K \circ Au_j$. On a

$$S_j K \circ Au_j \cong S_j K \otimes Au_j \cong S_j K$$

la 1ère égalité résulte de la Prop. I, Exp. II, la 2ème du théor. 1 de l'Exp. I; par conséquent $dc_j \circ u_j = 0$ donne $S_j dc_j = dS_j c_j = 0$; S_j est compact, $S_j K$ en est une couverture fine, et par hypothèse S_j a une <u>cohomologie triviale</u> (c'est ici seulement que cela intervient) d'où

si $p > 0$: il existe $m_j \in K^{p-1}$ tel que $S_j c_j = dS_j m_j = S_j dm_j$,

si $p = 0$: il existe $a_j \in A$ tel que $S_j c_j = S_j a_j u = a_j S_j u$, donc $S(c_j - dm_j) = 0$ resp. $S(c_j - a_j u) = 0$ d'où l'on tire que

$c_j \circ u_j = dm_j \circ u_j$ resp. $c_j \circ u_j = u \circ a_j u_j$

puisque u_j a un support égal à S_j, ce qui établit notre assertion.

2ème partie : il suffit de montrer

1) Tout cocycle de $K \circ L^*$ est cohomologue à un cocycle de la forme $u_m \circ m$, m cocycle de L^*,

2) Si $u_m \circ m$ est cohomologue à zéro dans $K \circ L^*$, m est cohomologue à zéro dans L^*.

La démonstration est la même que celle de la 2ème partie du Théorème 6 de l'Exp. I, on définit le poids à l'aide du degré en K et on établit 1) et 2) par récurrence sur le poids.

6. Cohomologie d'un espace produit.

Soient X,Y deux espaces localement compacts, f (resp. g) la projection naturelle du produit X x Y sur X (resp. Y). Etant donné un complexe K sur X on définit un complexe K' sur X x Y en attachant à tout élément $k \in K$ comme support l'ensemble $S'(k) = f^{-1}(S(k))$. (Ce complexe est l'image réciproque de K par f, au sens de l'Exp. VII.) Il est clair que K' est algébriquement isomorphe à K et que la section de K' par (x,y) est égale à xK. De même on associe à un complexe L sur Y un complexe L' sur X x Y, image réciproque par g de L.

LEMME 1. On conserve les notations ci-dessus et on suppose de plus que K et L sont fins à supports compacts. Alors l'application naturelle de $K' \boxtimes L'$ sur $K' \circ L'$ est un isomorphisme.

On suppose $K' \boxtimes L'$ muni des supports introduits dans le No.3 de l'Exp. II. Il faut donc démontrer que seul l'élément nul de $K' \boxtimes L'$ a un support vide.

Soit $h \in K' \boxtimes L'$ de support vide, et soit $(x,y) \in X \times Y$. On a $(x,y)(K' \boxtimes L') = (x,y)K' \boxtimes (x,y)L' = xK \boxtimes yL$, donc h peut s'écrire sous la forme $h = \sum_i u_i \boxtimes v_i$, où pour chaque i (x,y) n'est pas contenu soit dans $S'(u_i)$ soit dans $S'(v_i)$; cette somme étant finie, et les supports étant fermés, il en résulte l'existence d'un voisinage $V_x \times W_y$ à adhérence compacte de (x,y) tel que pour chaque i, ou bien $\bar{V}_x$ ne rencontre pas $S(u_i)$, ou bien $\bar{W}_y$ ne rencontre pas

$S(v_i)$. Par conséquent, si r (resp. s) est un endomorphisme de K (resp. L), dont l'image est formée d'éléments ayant leur support dans $\bar{V}_x$ (resp. $\bar{W}_y$), et si t est le produit tensoriel $r \otimes s$, on a $t(h) = 0$. Nous dirons que $V_x \times W_y$ annule h. Fixons une représentation de h comme somme $\sum a_j \otimes b_j$ de produits tensoriels, et soit F_1 (resp. F_2) un compact de X (resp. Y) contenant les supports des a_j (resp. b_j).

Vu ce qui précède et la compacité de F_2 il existe pour $x \in F_1$ un voisinage V_x et un recouvrement ouvert $(W_{i,x})$, $(1 \leq i \leq n_x)$ de F_2 tel que $V_x \times W_{ix}$ annule h pour tout i. Soient $x_1, \dots, x_m \in F$ tels que les V_{x_i} que nous noterons V_i forment un recouvrement de F_1 et soit W_i $(1 \leq i \leq n)$ le recouvrement intersection des recouvrements (W_{i,x_i}). Alors $V_i \times W_j$ annule h quels que soient i,j. Soient enfin V_o (resp. W_o) un ouvert de X (resp. Y), dont l'adhérence ne rencontre pas F_1 (resp. F_2), formant avec les V_i (resp. W_i) un recouvrement propre de X (resp. Y), et soient r_i (resp. s_j) les endomorphismes correspondants de K (resp. L). Posons $t_{ij} = r_i \otimes s_j$. Alors la somme des t_{ij} est l'identité, et chaque $t_{ij}(h)$ est nul, d'où $h = 0$.

LEMME 2. <u>Si</u> K <u>et</u> L <u>sont des A-couvertures fines de</u> X <u>et</u> Y, <u>alors</u> $K' \otimes L'$ <u>est une A-couverture fine de</u> X x Y.

On vient de montrer que $K' \otimes L'$ est un complexe (séparé). Soit (U_k) un recouvrement fini propre de X x Y. Par un raisonnement aisé, analogue à celui qui termine la démonstration du lemme 1, on peut trouver des recouvrements finis propres V_i, $(i = 1,\dots,m)$, et W_j, $(j = 1,\dots,n)$, de X et Y respectivement, tels que les ouverts $V_i \times W_j$ forment un recouvrement de X x Y plus fin que (U_k). Si r_i et s_j sont les endomorphismes de K et L correspondant aux recouvrements (V_i) et (W_j), alors en considérant les endomorphismes $r_i \otimes s_j$ de $K' \otimes L'$ On voit tout de suite que ce dernier est fin.

La section de $K' \otimes L'$ est égale à $xK \otimes xL$, donc est sans torsion puisque xK et yL le sont; et a une cohomologie triviale d'après le théor. 6 de l'Exp. I; il s'ensuit aussi que $K' \otimes L'$ est sans torsion. Enfin, si F est un compact de X x Y, on peut trouver des compacts F_1 et F_2 de X et Y tels que $F \subset F_1 \times F_2$; alors un produit tensoriel d'unités relatives à F_1 et F_2 est une unité relative pour F. Ainsi $K' \otimes L'$, muni de la différentielle totale introduite dans l'Exp. I, et de la graduation totale $(K' \otimes L')^i = \sum_{a+b=i} K'^a \otimes L'^b$, est une A-couverture fine.

THEOREME 9. Soient X,Y des espaces localement compacts, K et L des A-couvertures fines de X et Y, M une A-algèbre. Alors $H(X \times Y, M) = H(K \otimes L \otimes M)$.

Cela résulte du lemme 2 et de la définition de $H(X \times Y, M)$.

Exposé V : LES FAISCEAUX

*****

Nous avons jusqu'à présent considéré la cohomologie à coefficients constants, mais J. Leray a développé cette théorie pour la cohomologie par rapport à un faisceau, notion qui généralise celle des coefficients locaux de N. Steenrod. A ce point de vue déjà elle est intéressante, mais de plus elle s'avérera indispensable dans l'étude des invariants d'une application continue. Dans cet exposé, nous donnerons un théorème d'unicité pour cette cohomologie, analogue à celui du théorème de l'Exp. III qu'il englobe. La démonstration est sensiblement la même mais on a préféré traiter tout d'abord le cas des coefficients constants pour éviter au début autant que possible les complications techniques. Comme nous l'avons dit dans l'introduction, nous adopterons ici la terminologie de Cartan et Godement.

1. Faisceau, préfaisceau.

Définition 1. Soit X un espace topologique. Un faisceau d'ensembles $\underline{F}$ sur X est la donnée d'un espace topologique E et d'une application continue p de E sur X qui soit un homéomorphisme local.

La condition imposée à p signifie donc que tout $u \in E$ possède un voisinage ouvert appliqué par p homéomorphiquement sur un ouvert contenant p(u).

L'ensemble $\underline{F}_x = p^{-1}(x)$ est la fibre au-dessus de x. Une application continue s d'une partie A de X dans E telle que $p \circ s$ soit l'identité est une section sur A. L'ensemble des sections sur A est noté $S_A(\underline{F})$ ou simplement $S(\underline{F})$ lorsque A = X. De la définition ci-dessus résultent tout de suite l'existence de sections définies au voisinage d'un point quelconque de X et le fait que si deux sections s,t définies respectivement dans A,B coïncident en un point $x \in A \cap B$, elles coïncident aussi dans un voisinage de x dans $A \cap B$.

Définition 2. Soit A un anneau. Un faisceau de A-modules ou simplement un A-faisceau est un faisceau d'ensembles dans lequel

i) les fibres $p^{-1}(x)$ sont des A-modules.

ii) Etant données deux sections s,t définies sur Y, l'application $y \to s(y)+t(y)$ est aussi une section. Pour tout $a \in A$, $y \to a.s(y)$ est une section.

$\underline{F}$ est un faisceau de A-algèbres si de plus les fibres sont des A-algèbres et si $y \to s(y).t(y)$ est une section sur Y.

LEMME 1. Soient $\underline{F}$ un A-faisceau, o_x l'élément neutre de $\underline{F}_x$. Alors $x \to o_x$ est une section (la section nulle). L'application $u \to -u$ est un homéomorphisme de l'espace total E de $\underline{F}$.

Soit $x \in X$ fixé. Soient $u \in \underline{F}_x$, U,V des voisinages de o_x et u appliqués homéomorphiquement par p sur un voisinage W de x (cela existe d'après la définition). Posons pour $w \in W$, $u_w = p^{-1}(w) \cap U$, $v_w = p^{-1}(w) \cap V$. Alors $w \to u_w + v_w$ est une section sur W, égale à v en x, donc égale à $w \to u_w + v_w$ dans un voisinage convenable de x, ce qui entraine $u_w = o_w$ pour w voisin de x, d'où la première assertion. La deuxième équivaut à dire que si s est une section sur Y alors $y \to -s(y)$ en est aussi une, ou aussi que $u \to -u$ est continue. Soient x fixé et V un voisinage de $-u_x$; on peut le supposer assez petit pour qu'il existe un voisinage U de u_x tels que U et V soient appliqués homéomorphiquement sur un voisinage W de x. Alors, dans les notations précédentes, $w \to u_w + v_w$ est une section locale, égale à o_x en x. Puisque les éléments neutres o_w forment un ouvert, cela entraîne que $v_w = -u_w$ pour w suffisamment proche de x, d'où la continuité de $u \to -u$.

Ce lemme montre que l'ensemble $S_Y(\underline{F})$ est muni de façon naturelle d'une structure de A-module (ou de A-algèbre si $\underline{F}$ est un faisceau d'algèbres). On appelle support d'une section sur Y l'ensemble des points y pour lesquels $s(y) \neq o_y$. D'après le lemme, il est relativement fermé dans Y. L'ensemble des éléments à supports compacts de $S_Y(\underline{F})$ sera noté $S^*_Y(\underline{F})$. Ce sont aussi des modules ou algèbres, et avec la définition donnée des supports, des complexes au sens de l'Exp. II.

Définition 3. Soit Φ une base des ouverts de X. Un A-préfaisceau est une loi qui associe à tout $U \in \Phi$ un A-module B(U) et à tout couple $U,V \in \Phi$, $U \subset V$, un homomorphisme $f_{UV} : B(V) \to B(U)$ de sorte que l'on ait $f_{WV} = f_{WU} \circ f_{UV}$ si $W \subset U \subset V$, $(W,U,V \in \Phi)$.

Etant donné un préfaisceau B on lui associe un faisceau $\underline{F}(B)$ de la façon suivante: la fibre $\underline{F}(B)_x$ est la limite inductive des B(U), où U parcourt les voisinages de x faisant partie de Φ. Soit pour $u \in B(U)$, $m_x(u)$ l'élément de $\underline{F}(B)_x$, $(x \in U)$, qu'il définit. Alors dans la réunion des $\underline{F}(B)_x$, la topologie est définie par la condition que les ensembles $m_x(u)$, $(x \in U,\ U \in \Phi,\ m \in B(U))$ forment une base des ouverts. Il est immédiat que l'on obtient ainsi un A-faisceau. On l'appelle souvent le faisceau des germes d'éléments de B.

Inversément, à un faisceau $\underline{F}$ on peut associer un préfaisceau $B(\underline{F})$ en posant $B(\underline{F})(U) = S_U(\underline{F})$, f_{UV} étant l'homomorphisme de restriction. Il est clair que $\underline{F}(B(\underline{F}))$ s'identifie à $\underline{F}$. Par contre l'application naturelle $B(U) \longrightarrow S_U(\underline{F}(B))$ n'est pas toujours un isomorphisme (voir exemples 2 et 3).

<u>Exemples</u>. (1) Soient $x \in X$ et M un ensemble. On appelle germe d'application de X dans M (de centre x), une classe d'équivalence dans l'ensemble des applications de voisinages (variables) de x dans M relativement à la relation d'équivalence : $f \sim g$ si $f(y) = g(y)$ dans un voisinage convenable de x.

Pour tout ouvert U, notons B(U) l'ensemble des applications de U dans M, f_{UV} étant la restriction. Alors les B(U) définissent un préfaisceau B et $\underline{F}(B)$ est le faisceau des germes d'applications de X dans M. Si M est un espace, on définit de même le préfaisceau B des applications continues dans M, et $\underline{F}(B)$ est le faisceau des germes d'applications continues.

(2) Prenons en particulier M = R et soient B(U), (resp. B'(U)), l'ensemble des applications continues (resp. continues et bornées) de U dans R. Alors $\underline{F}(B)$ et F(B') sont tous deux le faisceau des germes de fonctions continues sur X. $S_U(\underline{F}(B)) = S_U(\underline{F}(B'))$ est l'ensemble des fonctions continues sur U, bornées ou non, donc $B(\underline{F}(B')) \neq B'$.

(3) Soit B(U) l'ensemble des cochaînes singulières de U, à valeurs dans un anneau A. L'ensemble des B(U), muni des opérations de restriction, définit un préfaisceau B et $\underline{F}(B)$ est le faisceau des germes de cochaînes singulières. Soit $m \in B(U)$. Alors l'élément $m_x \in \underline{F}(B)_x$ qu'il définit, $(x \in U)$ est nul si et seulement s'il existe un voisinage V de x tel que m soit nulle sur tout simplexe singulier à support contenu dans V, donc si le support de m, au sens de l'Exp.II, ne rencontre pas x. Il en résulte que dans l'application naturelle de B(U) dans $S_U(\underline{F}(B))$ les cochaînes de support vide ont comme image la section nulle; cette application n'est donc pas injective. Cependant on verra plus loin qu'elle est surjective.

(4) Le <u>faisceau constant</u> de fibre A est celui dont l'espace total est $X \times A$ (avec la topologie produit de la topologie de X et de la topologie discrète sur A), et où p est définie par $p((x,a)) = x$. Plus généralement, on se permettra d'appeler constant tout faisceau L-isomorphe (au sens du No.2) au faisceau ci-dessus. De même on appellera faisceau localement constant de fibre A un faisceau localement L-isomorphe au faisceau constant.

2. Homomorphismes, sous-faisceaux, faisceaux quotients.

Un sous-faisceau $\underline{G}$ de $\underline{F}$ est défini par un sous-espace ouvert E' de l'espace total E de $\underline{F}$ dont les intersections avec les fibres $\underline{F}_x$ sont des sous-modules (ou des sous-algèbres, le cas échéant), la projection étant la restriction de p à E'. On voit aisément que si l'on munit la réunion des modules $\underline{F}_x/\underline{G}_x$ de la topologie quotient de celle de E par la relation d'équivalence : $u \sim v$ si u et v sont dans la même fibre F_x et si $u-v \in \underline{G}_x$, on en fait l'espace total d'un faisceau, appelé le faisceau quotient $\underline{F}/\underline{G}$.

Soient $\underline{F}, \underline{F}'$ 2 faisceaux d'espaces totaux E,E', projections p,p', sur X et soit $f : X \to X$ une application continue. Un f-homomorphisme de $\underline{F}$ dans $\underline{F}'$ est une application continue $\underline{f} : E \to E'$ qui pour tout $x \in X$ envoie $\underline{F}_x$ homomorphiquement dans $\underline{F}'_{f(x)}$. C'est un isomorphisme si $\underline{f}$ est un homéomorphisme. Lorsque f est l'identité on parlera de f-homomorphisme ou de I-isomorphisme. En utilisant le fait que des sections locales sur des voisinages convenables sont des homéomorphismes, on voit tout de suite qu'un I-homomorphisme bijectif est un I-isomorphisme, que l'image d'un faisceau par un I-homomorphisme est un sous-faisceau, que le noyau d'un I-homomorphisme (i.e. l'image réciproque de la section nulle) est un sous-faisceau $\underline{N}$ et que le faisceau image s'identifie au faisceau quotient $\underline{F}/\underline{N}$.

2 faisceaux $\underline{F}, \underline{F}'$ sont localement I-isomorphes si tout $x \in X$ possède un voisinage U tel que les faisceaux induits par $\underline{F}$ et $\underline{F}'$ sur U, d'espaces totaux $p^{-1}(U)$, $p'^{-1}(U)$ soient I-isomorphes.

Un faisceau $\underline{F}$ est <u>fin</u> si étant donné un recouvrement fini propre (U_i) il existe des endomorphismes r_i de $\underline{F}$ dont la somme est l'identité et tels que $r_i(\underline{F}_x) = o_x$ pour $x \notin \bar{U}_i$. Il est clair que si F est fin, $S(\underline{F})$, muni d'endomorphismes définis par $r_i(s)(x) = r_i(s(x))$, est un complexe fin.

3. Faisceaux et complexes.

A tout complexe K on associe un faisceau noté $\underline{K}$ ainsi défini : l'espace total de $\underline{K}$ est la réunion des xK, la projection p associe x à tout élément de xK; étant donné $u \in xK$ les ensembles yk, où $y \in X$ et où k parcourt les $k \in K$ tels que $xk = u$, forment un système fondamental de voisinages de u. On vérifie sans difficultés que les conditions des déf. 1 et 2 sont remplies. Etant donné $k \in K$ l'application $x \to xk$ est une section de K, d'où une application canonique ρ_K de K dans $S(\underline{K})$ qui est un homomorphisme de complexes.

Il est immédiat que $\underline{K}$ est fin si K l'est.

LEMME 2. <u>Soient</u> K <u>un complexe,</u> $\underline{K}$ <u>le faisceau associé,</u> S(K) <u>le complexe des sections de</u> $\underline{K}$, ρ_K <u>l'application canonique de</u> K <u>dans</u> $S(\underline{K})$. <u>Alors</u>

(a) ρ_K <u>est injective.</u>

(b) <u>Pour tout</u> $x \in X$, ρ_K <u>induit un isomorphisme de</u> xK <u>sur</u> $xS(\underline{K})$, <u>lorsque</u> K <u>est fin.</u>

(c) <u>Si</u> K <u>est fin,</u> $S*(\underline{K*}) = S*(\underline{K})$ <u>et</u> ρ_K <u>est un isomorphisme de</u> K* <u>sur</u> $S*(\underline{K})$.

(d) <u>Si</u> F <u>est fin, pour tout</u> $x \in X$, <u>tout élément de</u> $\underline{F}_x$ <u>est la valeur en</u> x <u>d'une section à support compact de</u> $\underline{F}$. <u>Par suite</u> $\underline{F}(S*(\underline{F})) = \underline{F}(S(\underline{F})) = \underline{F}$.

(e) <u>Si</u> F <u>est fin et gradué par des sous-faisceau</u> $\underline{F}^i$, $S*(F) = \sum_i S*(\underline{F}^i)$.

Vu les définitions posées, il est clair que ρ_K conserve les supports, d'où (a) et le fait que $\rho_{K,x} : xK \rightarrow xS(\underline{K})$ est injective. Il faut encore montrer que si K est fin, ρ_K est surjective, autrement dit, que toute classe de restes de $S(\underline{K})$ modulo $S(\underline{K})_{X-x}$ contient une section de la forme $y \rightarrow yk$, $(k \in K)$. Soient $u \in S(\underline{K})$, u_x sa valeur en x, $k \in K$ tel que $xk = u_x$. Soient encore U_1, U_2 un recouvrement propre de X tel que $x \in U_1$, $x \notin \bar{U}_2$, et r_1, r_2 les endomorphismes correspondants de K. Alors $y \rightarrow yr_1(k)$, $(y \in X)$, est la section cherchée.

De (b) et du Théor. 5 de l'Exp. II, on déduit que les sections de $S*(\underline{K*})$ et $S*(\underline{K})$ par x s'identifient à xK = xK*; (c) résulte alors du lemme 1 de l'Exp. III.

(d) Soit $a \in \underline{F}_x$. On peut trouver un voisinage U_1 de x, d'adhérence compacte et une section s de $\underline{F}$ sur U_1 égale à a en x. Soit U_2 dont l'adhérence ne contient pas x, et formant avec U_1 un recouvrement propre de X, et soient r_1, r_2 les endomorphismes correspondants de $\underline{F}$. Alors $y \rightarrow r_1(s(y))$ est une section de $\underline{F}$, à support contenu dans $\bar{U}_1$, donc compact, égale à a en x.

(e) Le deuxième complexe est contenu dans le 1er, et vu (d) les sections par un point sont égales a $\underline{F}_x$. On peut de nouveau appliquer le lemme 1 de l'Exp. III.

Exemples.

1) Soit K le complexe des cochaînes d'Alexander-Spanier, $\underline{K}$ est donc le faisceau des germes de cochaînes d'Alexander-Spanier. Ici ρ_K est bijective. Vu le lemme 2, il suffit de voir qu'elle est surjective. Soit donc $u \in S(\underline{K})$ et soit pour tout $x \in X$, V_x un voisinage pour lequel la valeur de u en $y \in V_x$ coincide avec celle d'une cochaîne d'Alexander-Spanier c_x définie dans V_x. Supposons les points de X bien ordonnés. On définira alors une cochaîne d'Alexander-Spanier c par les conditions : $c(p_o,\dots,p_k) = 0$ si les p_i ne sont pas dans un même V_x, $c(p_o,\dots,p_k) = c_x(p_o,\dots,p_k)$ si x est le premier x tel que V_x contienne les p_i. On a alors $\rho_K(c) = u$.

2) On voit de même que ρ_K est un isomorphisme lorsque K est le complexe des cochaînes singulières.

3) On vérifie tout de suite que ρ_K est un isomorphisme lorsque K est le complexe des formes différentielles sur une variété différentiable.

4. Opérations sur les faisceaux.

Soient $\underline{F}_i$ ($i \in I$, I ensemble d'indices), des A-faisceaux sur X. Pour tout ouvert U soit B(U) la somme directe des modules $S_U(\underline{F}_i)$. Pour $V \subset U$ on a un homomorphisme $B(U) \longrightarrow B(V)$, "somme" des opérations de restrictions dans les $S_U(\underline{F}_i)$, d'où un préfaisceau B. Le faisceau $\underline{F}(B)$ associé est la somme directe des faisceaux $\underline{F}_i$. Comme la limite inductive de sommes directes est la somme directe des limites inductives, on voit que $\underline{F}(B)_x$ est la somme directe des $\underline{F}_{i,x}$. De plus par la définition de la topologie de $\underline{F}(B)$, si s_i est une section de $\underline{F}_i$ au-dessus de U, nulle sauf pour au plus un nombre fini d'indices, alors $x \to \sum s_i(x)$ est une section du faisceau somme. On voit aussi que $\underline{F}_i$ s'identifie à un sous-faisceau de $\underline{F}$.

Soient $\underline{F}_1, \underline{F}_2$ deux faisceaux sur X. On veut définir un faisceau $\underline{F}_1 \otimes \underline{F}_2$ produit tensoriel de $\underline{F}_1$ et $\underline{F}_2$, dont la fibre sur x sera $\underline{F}_{1,x} \otimes \underline{F}_{2,x}$. A cet effet, soit $B(U) = S(\underline{F}_1) \otimes S(\underline{F}_2)$. (U ouvert de X). Pour $V \subset U$ le produit tensoriel des opérations de restriction envoie B(U) dans B(V), d'où un préfaisceau B. Comme une limite inductive de produits tensoriels s'identifie au produit tensoriel des limites inductives, le faisceau associé a bien $\underline{F}_{1x} \otimes \underline{F}_{2x}$ comme fibre. C'est $\underline{F}_1 \otimes \underline{F}_2$. Par définition de sa topologie, si s,t sont des sections de $\underline{F}_1$ et $\underline{F}_2$ sur U, alors $x \longrightarrow s(x) \otimes t(x)$ est une section du produit tensoriel sur U, ce qui du reste suffit pour caractériser sa topologie. La vérification des propriétés suivantes est immédiate et laissée au lecteur.

THEOREME 1.

(1) $(\underline{F}_1 \otimes \underline{F}_2) \otimes \underline{F}_3 = \underline{F}_1 \otimes (\underline{F}_2 \otimes \underline{F}_3)$.

(2) $(\sum_i \underline{F}_i) \otimes \underline{G} = \sum_i (\underline{F}_i \otimes \underline{G})$

(3) Si K_i sont des complexes, $\sum \underline{K}_i = \underline{(\sum K_i)}$

(4) $\underline{K_1 \circ K_2} = \underline{K}_1 \otimes \underline{K}_2$

(pour 4 on utilisera le théor. 4.2 de l'Exp. II.)

Homomorphismes. Il est également immédiat que si $\underline{F}, \underline{F}'$, $\underline{G}, \underline{G}'$ sont des faisceaux sur X et si $\underline{f} : F \to F'$, $g : G \to G'$ sont des I-homomorphismes il existe un et un seul homomorphisme $\underline{h}$ de $\underline{F} \otimes \underline{G}$ dans $\underline{F}' \otimes \underline{G}'$ vérifiant $\underline{h}(u \otimes v) = \underline{f}(u) \otimes \underline{g}(v)$, pour u et v dans la même fibre. On l'appelle le produit tensoriel de $\underline{f}$ et $\underline{g}$ et on le note $\underline{f} \otimes \underline{g}$. On a un résultat analogue pour les sommes directes.

Faisceaux gradués, différentiels. On peut imposer à un faisceau des structures algébriques supplémentaires. Elles seront combinaisons d'exigences portées sur les fibres et de conditions naturelles de continuité. Par exemple, $\underline{F}$ est gradué par des sous-faisceaux $\underline{F}_i$ s'il est somme directe des $\underline{F}_i$; $\underline{F}$ est différentiel si chaque fibre est un module différentiel et si $u \to du$ est une application continue de $\underline{F}$ dans lui-même. Dans ce cas, la réunion des cocycles (resp. cobords) des fibres définit un sous-faisceau $Z(\underline{F})$, (resp. $D(\underline{F})$) de $\underline{F}$ et le faisceau $H(\underline{F}) = Z(\underline{F})/D(\underline{F})$ est appelé le faisceau de cohomologie de $\underline{F}$. En tant qu'ensemble, c'est donc la réunion des modules de cohomologie $H(\underline{F}_x)$. Sa topologie est définie en prenant comme système fondamental de voisinages les sections locales définies par des sections locales de $Z(\underline{F})$.

On dira que $\underline{F}$ est un faisceau unitaire d'algèbres si $\underline{F}_x$ est une algèbre possédant un élément neutre u_x (pour le produit), et si $x \to u_x$ est une section de $\underline{F}$, (ce qui du reste est une conséquence des autres axiomes lorsque les fibres n'on pas de diviseurs de zéros, même dém. que pour le lemme 1). Il résulte des définitions que si $\underline{K}$ est une couverture (cf. Exp. II), alors $\underline{K}$ est un faisceau unitaire d'algèbres.

5. Le complexe K o $\underline{F}$. Le théorème d'unicité.

Soient K un complexe et $\underline{F}$ un faisceau sur X. On écrira K o $\underline{F}$ au lieu de $S^*(\underline{K} \otimes \underline{F})$; c'est donc le complexe des sections à supports compacts de $\underline{K} \otimes \underline{F}$. Cette notion remplacera ici celle "d'intersection d'un complexe et d'un faisceau" introduite par J. Leray. Elle lui est d'ailleurs équivalente lorsque K est canonique fin sans torsion et que $\underline{F}$ correspond à un faisceau propre au sens de Leray, et c'est pourquoi nous utiliserons la même notation que Leray. On remarquera que K o $\underline{F}$ est fin si K ou $\underline{F}$ l'est, et que si K est canonique différentiel et si $\underline{F}$ est différentiel, K o $\underline{F}$ est muni de façon naturelle d'une opération de différentielle totale.

LEMME 3. <u>Soient</u> K <u>un complexe</u>, $\underline{F}$ <u>un faisceau sur</u> X.

(a) <u>Si</u> K <u>ou</u> $\underline{F}$ <u>est fin, on a</u> $x(K \circ \underline{F}) = xK \otimes \underline{F}_x$.

(b) <u>Si</u> K <u>ou</u> $\underline{F}$ <u>est fin, et si</u> $K = \sum K^i$, $\underline{F} = \sum \underline{F}^j$, <u>on a</u>

$K \circ \underline{F} = \sum_{i,j} K^i \circ \underline{F}^j$, (i,j <u>parcourant des ensembles quelconques d'indices</u>).

<u>Soit K fin. Alors</u>

(c) $K^* \circ \underline{F} = K \circ \underline{F}$.

(d) <u>Si</u> K' <u>est un deuxième complexe</u>, $K' \circ (K \circ \underline{F}) = (K' \circ K) \circ \underline{F}$.

(e) <u>Si</u> $\underline{F}$ <u>est constant, isomorphe à</u> $X \times M$, <u>alors</u> $K \circ \underline{F} = K \otimes M$.

(a) Par définition, $x(K \circ \underline{F}) = xS^*(\underline{K} \otimes \underline{F})$. Puisque K ou $\underline{F}$ est fin, $\underline{K} \otimes \underline{F}$ l'est aussi, donc (lemme 2d), $xS^*(\underline{K} \otimes \underline{F}) = (\underline{K} \otimes \underline{F})_x = xK \otimes \underline{F}_x$.

(b) On suppose bien entendu que K ou F est"gradué-fin", i.e. que les endomorphismes r_i sont compatibles avec la graduation, par conséquent chaque complexe $K^i \circ \underline{F}^j$ est fin. La somme L de ces complexes est contenue dans K o $\underline{F}$. Vu (a) xL et $x(K \circ \underline{F})$ sont tous deux égaux à $xK \otimes \underline{F}_x$, et (b) résulte du lemme 1 de l'Exp. III.

(c) D'après (a) et le Théor. 4.2. de l'Exp. II, les sections par x de ces deux complexes sont égales à $xK \otimes \underline{F}_x$. On applique le lemme 1 de l'Exp. III.

(d) Le deuxième complexe est isomorphe à $S^*(\underline{K}' \otimes \underline{K} \otimes \underline{F})$ d'après le théor. 1. En tenant compte de (a), on voit que étant donnés $u \in K'$, $v \in K \circ \underline{F}$, l'application $x \longrightarrow xu \otimes v(x)$ est un élément de $S^*(\underline{K}' \otimes \underline{K} \otimes \underline{F})$, que nous noterons h(u,v). Il est immédiat que h est une application bilinéaire; elle définit donc une application linéaire de $K' \otimes (K \circ \underline{F})$ dans $(K' \circ K) \circ \underline{F}$. Vu la définition des supports dans le premier membre (cf. Exp. II), h envoie les éléments de support vide sur la section nulle, d'où une application linéaire de $K' \circ (K \circ \underline{F})$ dans $(K' \circ K) \circ \underline{F}$; les sections par un point x de ces deux complexes étant isomorphes à $xK' \otimes xK \otimes \underline{F}_x$ et des deux complexes étant fins à supports compacts, on peut de nouveau appliquer le lemme 1 de l'Exp. III, d'où (d).

(e) On a une application évidente de $K^* \otimes M$ dans $K \circ \underline{F}$; les sections par un point de ces deux complexes sont $xK \otimes M$ d'après le théor. 4.2 de l'Exp. II et le lemme 3a, et (e) résulte de nouveau du lemme 1 de l'Exp. III.

<u>LEMME</u> 4. <u>Soient</u> K <u>et</u> L <u>deux complexes dont l'un au moins est fin. Alors l'homomorphisme naturel de</u> $(K \circ L)^*$ <u>dans</u> $K \circ \underline{L}$ <u>est un isomorphisme.</u>

L'homomorphisme de $(K \circ L)^*$ dans $L \circ \underline{L}$ est celui qui associe à $\sum u_i \circ v_i$ la section $x \to \sum xu_i \otimes xv_i$ du faisceau $\underline{K} \otimes \underline{L}$. Il induit un isomorphisme des sections par x, toutes deux égales à $xK \otimes xL$ d'après le Théor.4.2 de l'Exp. II et le lemme 3a de l'Exp. V, et comme les deux complexes sont fins à supports compacts, c'est un isomorphisme d'après le lemme 1 de l'Exp. III.

THEOREME 2 (D'UNICITE). <u>Soient</u> C_1, C_2 <u>des A-couvertures fines,</u> $\underline{F}$ <u>un A-faisceau sur</u> X. <u>Alors</u> $H(C_1 \circ \underline{F})$ <u>et</u> $H(C_2 \circ \underline{F})$ <u>sont isomorphes.</u>

On considère le diagramme

$$\begin{array}{ccccc} C_1 \circ \underline{F} & \xrightarrow{1} & C_2 \circ (C_1 \circ \underline{F}) & \xleftarrow{2} & (C_2 \circ C_1) \circ \underline{F} \\ & & & & \downarrow 3 \\ C_2 \circ F & \xrightarrow{1'} & C_1 \circ (C_2 \circ \underline{F}) & \xleftarrow{2'} & (C_1 \circ C_2) \circ \underline{F} \end{array}$$

1 est défini par $a \to u \circ a$ où u est une unité relative à a (cf. Exp. II); définition analogue pour 1'; 2 et 2' sont les isomorphismes du lemme 3c; enfin 3 est associé à l'identité de $\underline{F}$ et à l'isomorphisme $k_2^p \circ k_1^q \longrightarrow (-1)^{pq} \; k_1^q \circ k_2^p$; ainsi 2,2',3 sont des isomorphismes, et 1,1' sont des isomorphismes pour la cohomologie d'après le lemme 2 de l'Exp. III, d'où le théorème.

<u>Notation.</u> $H(C \circ \underline{F})$, où C est une couverture fine, sera notée $H(X,\underline{F})$, c'est l'algèbre de cohomologie de X à supports compacts, à valeurs dans le faisceau $\underline{F}$. Vu le lemme 3d on retrouve bien H(X,M) lorsque $\underline{F}$ est isomorphe au faisceau constant de fibre M.

Remarques. 1) Si F est un faisceau d'algèbres, alors $C \circ \underline{F}$ est aussi une algèbre et l'isomorphisme du théorème vaut aussi pour le produit (même démonstration). Si $\underline{F}$ est gradué et si $\underline{F}_x$ est anticommutatif pour tout x, alors $H(X,\underline{F})$ est aussi anticommutatif relativement au degré total, obtenu en ajoutant les degrés dans la couverture fine et dans $\underline{F}$. Démonstration analogue à celle du No.3 de l'Exp.III.

2) L'isomorphisme du théorème ci-dessus a la propreté de transitivité mentionnée dans la rem. 2, No. 2 de l'Exp. III.

THEOREME 3. Soit $\underline{F}$ un faisceau fin, (sans différentielle). Alors $H^i(X,\underline{F}) = 0$ pour $i > 0$.

Soit C une couverture fine. Alors en utilisant les endomorphismes r_i de $\underline{F}$ attachés à des recouvrements propres, on peut considérer le faisceau $\underline{C} \otimes \underline{F}$ et le complexe $C \circ \underline{F}$ comme fins relativement à des endomorphismes qui commutent avec la différentielle (qui est ici celle de C). Les complexes de cocycles et de co-bords $Z(C \circ \underline{F})$ et $D(C \circ \underline{F})$ sont donc aussi fins et l'on a d'après le lemme 6 de l'Exp. III et le lemme 3a

$$xZ(C \circ \underline{F}) = Z(xC \otimes \underline{F}_x) \qquad xD(C \circ \underline{F}) = D(xC \otimes \underline{F}_x).$$

Mais le théor. 6 de l'Exp. I donne

$$Z(xC^i \otimes \underline{F}_x) = D(xC^{i-1} \otimes \underline{F}_x) \,, \qquad (i \geq 1)$$

d'où, compte tenu du lemme 1 de l'Exp. III

$$Z(C^i \circ \underline{F}) = D(C^{i-1} \circ \underline{F}) \,, \qquad (i \geq 1)$$

et le théorème.

6. Calcul de $H^0(X,\underline{F})$.

THEOREME 4. Soit $\underline{F}$ un faisceau sans différentielle sur X. Alors $H^0(X,\underline{F})$ est canoniquement isomorphe à $S^*(\underline{F})$.

Soient C une couverture fine, u_x l'élément neutre de xC. On a vu (No.3) que $x \to u_x$ est une section de $\underline{C}$.

Comme C est gradué par des degrés positifs, on a $H^0(C \circ \underline{F}) = Z(C^0 \circ \underline{F})$. Soit $a \in Z(C^0 \circ \underline{F})$. Alors $xa \in Z(x(C^0 \circ \underline{F})) = Z(xC^0 \otimes \underline{F}_x)$, (lemme 3a), donc vu le théor. 6 de l'Exp. I, il existe un élément bien déterminé $b_x \in \underline{F}_x$ tel que

$a_x = u_x \boxtimes b_x$. Si $y \to u_y$ et $y \to b_y$ sont des sections locales de $\underline{C}$ et $\underline{F}$ égales à u_x et b_x en x alors $y \to u_y \boxtimes b_y$ est une section locale de $\underline{C} \boxtimes \underline{F}$ (cf. No.4), égale à a_x en x, donc égale à a_y dans un voisinage convenable de x. Il s'ensuit que $x \to b_x$ est une section de $\underline{F}$; comme a est à support compact, il en est de même de la section $x \to b_x$ d'où une application $i : Z(C^o \circ \underline{F}) \to S^*(\underline{F})$. Réciproquement, on voit de même que si $b : x \to b_x$ est une section à support compact de $\underline{F}$ alors $x \to u_x \boxtimes b_x$ en est une pour $C \circ \underline{F}$ d'où une application $j : S^*(\underline{F}) \to C \circ \underline{F}$; comme $u_x \boxtimes b_x$ est un cocycle pour tout x, le support de $d(j(b))$ est vide, donc $j(b)$ est un cocycle, et j est en fait une application de $S^*(\underline{F})$ dans $Z(C^o \circ \underline{F})$. Il est immédiat que $i \circ j$ et $j \circ i$ sont l'identité, d'où le théorème.

Dans le faisceau $X \times M$, les sections sont exactement les applications $x \to (x,m)$ où m ne dépend pas de x. Par conséquent, dans un faisceau constant, de fibre M, il existe pour chaque point $m \in \underline{F}_x$ exactement une section $s(m)$, égale à m en x, et la correspondance $m \to s(m)$ est un isomorphisme de $\underline{F}_x$ sur $S(\underline{F})$, et ce dernier s'identifie ainsi de façon canonique à la fibre type. Si $\underline{F}$ est localement constant, cela montre aussi que le support d'une section est un <u>ouvert</u>; comme il est toujours par ailleurs fermé, c'est la réunion d'un certain nombre de composantes connexes (compactes si la section est à support compact) de X. Supposons de plus X connexe. Alors deux sections qui coincident en un point sont identiques, donc un élément $m \in \underline{F}_x$ appartient à au plus une section. Autrement dit, la correspondance $s \to s(x)$ qui associe à $s \in S(\underline{F})$ sa valeur en x est un isomorphisme de $S(\underline{F})$ sur un sous-module $\underline{F}^c_x$ de $\underline{F}_x$; de plus, la réunion des supports des sections de $\underline{F}$ est de façon évidente l'espace total d'un faisceau $\underline{F}^c$ constant, isomorphe à $X \times S(\underline{F})$, qui peut s'envisager comme <u>"le plus grand sous-faisceau constant" de</u> $\underline{F}$. Enfin, on voit que si X est connexe non compact $S^*(\underline{F})$ ne contient que la section nulle, et le théor. 4 entraine le

THEOREME 5. <u>Soient</u> X <u>connexe,</u> $\underline{F}$ <u>un faisceau localement constant sur</u> X. <u>Alors si</u> X <u>est non compact,</u> $H^o(X,\underline{F}) = 0$, <u>si</u> X <u>est compact</u> $H^o(X,\underline{F})$ <u>s'identifie canoniquement au module des valeurs en un point</u> x <u>des sections de</u> $\underline{F}$.

7. Une suite exacte.

THEOREME 6. Soient K canonique fin sans torsion, $\underline{F}, \underline{F}', \underline{F}''$ des faisceaux sur X. Si la suite de I-homomorphismes $0 \to \underline{F}' \xrightarrow{a} \underline{F} \xrightarrow{b} \underline{F}'' \to 0$ est exacte, il en est de même de la suite $0 \to K \circ \underline{F}' \xrightarrow{i} K \circ \underline{F} \xrightarrow{j} K \circ \underline{F}'' \to 0$.

(i,j sont bien entendus définis par l'identité sur K et a,b respectivement). Tout d'abord la suite

$$0 \to x(K \circ \underline{F}') \to x(K \circ \underline{F}) \longrightarrow x(K \circ \underline{F}'') \longrightarrow 0$$

est exacte puisque, vu le lemme 3a, elle se ramène à

$$0 \to xK \otimes \underline{F}'_x \to xK \otimes \underline{F}_x \longrightarrow xK \otimes \underline{F}''_x \to 0$$

qui est exacte d'après l'exp. I, Théor. 3 et 5.1.

Cela entraîne en particulier que i conserve les supports, donc est injectif; K o $\underline{F}'$ s'identifie donc à un sous-complexe de K o $\underline{F}$ qui est contenu dans le noyau N de j, puisque la suite exacte précédente montre que j o i(K o F') est formé d'éléments de supports vides. Mais les 2 suites exactes ci-dessus montrent aussi que $xN \subset x(K \circ \underline{F}')$, d'où $x(K \circ \underline{F}') = xN$, et K o $\underline{F}'$ = N d'après le lemme 1 de l'exp. III, appliqué à l'injection de K o F' dans N.

Enfin, puisque $j_x : x(K \circ \underline{F}) \to x(K \circ \underline{F}'')$ est surjective, il en est de même pour j d'après le lemme 1' de l'exp. III, ce qui termine la démonstration.

Exposé VI : L' ALGEBRE SPECTRALE

*****

La construction algébrique qui est l'objet de cet exposé est fondamentale; nous aurions pu déjà nous en servir dans l'établissement du théorème d'unicité, comme cela est fait dans le mémoire de Leray (Journ.Math.pur.appl. 29, 1-139 (1950)), que nous citerons comme précédemment par [2] ; elle s'y substitue à la récurrence sur le poids que nous avons utilisée à diverses reprises. Mais dans cette question elle joue plutôt le rôle d'un artifice algébrique. Elle s'avérera par contre indispensable pour l'étude des invariants des applications continues.

Nous ne reproduirons pas toujours les définitions sous la forme générale de [2], insistant plutôt sur les cas particuliers importants dans la suite; certaines démonstrations, pour lesquelles on peut faire des renvois précis à [2], ne seront pas reproduites, elles sont formulées pour des anneaux, mais valent automatiquement pour des A-algèbres, A désignant comme d'habitude Z ou un corps. Nous nous tenons ici au point de vue de Leray, adapté à la cohomologie. Pour d'autres exposés sur la suite spectrale, voir le Séminaire de Topologie de l'E.N.S., Paris 1950-51, Exp. VIII, et J. P. Serre, Thèse, Annals of Math. 54, 425-505 (1951).

1. La notion de filtration.

Nous en donnerons deux définitions équivalentes.

Définition 1: Soit S une A-algèbre. Une filtration de S est la donnée d'une suite de sous-modules S^q (q entier quelconque) vérifiant

$$(1) \qquad S^p \supset S^{p+1} \qquad S^p . S^q \subset S^{p+q} \qquad \cup S^p = S.$$

Cette filtration permet de définir une fonction f(s) à valeurs entières, on pose $f(s) = \text{Max}\,(p,\ s \in S^p)$, d'où une deuxième définition:

Définition 2: Une filtration sur une A-algèbre S est définie par une fonction à valeurs entières (ou plus l'infini) vérifiant

$$(2) \quad \begin{array}{ll} f(s + s') \geqslant \text{Min}\,(f(s), f(s')) & f(as) \geqslant f(s)\ , \quad (a \in A) \\ f(s.s') \geqslant f(s) + f(s') & f(0) = +\infty . \end{array}$$

Il est clair que la fonction f définie avant vérifie (2). Réciproquement étant donnée f vérifiant (2), on introduit S^p comme l'ensemble des $s \in S$ tels que

$f(s) \geqslant p$, et les S^p sont des A-modules vérifiant (1).

Définition 3. Soit S une A-algèbre filtrée par les sous-modules S^p. On appelle algèbre graduée associée à la filtration de S le module

$$G(S) = \sum S^p/S^{p+1}$$

somme directe des S^p/S^{p+1}, muni du produit associant à $\bar{s}^p \in S^p/S^{p+1}$ et $\bar{s}^q \in S^q/S^{q+1}$ la projection dans S^{p+q}/S^{p+q+1} du produit $s^p.s^q$ ($s^p \in S^p$, $s^q \in S^q$ se projetant sur $\bar{s}^p$ et $\bar{s}^q$ resp.).

Ce produit ne dépend pas des représentants choisis vu (1).
Nous dirons que la filtration est bornée supérieurement (resp. inférieurement) s'il existe p tel que $S^p = 0$ (resp. $S^p = S$). La fonction f a alors une borne supérieure (inférieure) finie sur l'ensemble des éléments différents de zéro.

Remarques.

1) On peut naturellement définir la filtration pour un A-module, il suffit de supprimer dans ce qui précède tout ce qui se rapporte au produit.

2) La notion de filtration est prise ici dans un sens adapté à la cohomologie. Elle a été définie par une suite décroissante de sous-modules, c'est ce qui intervient en cohomologie; pour l'homologie, on définit la filtration par une suite croissante de modules, mais nous n'en aurons pas besoin ici.

2. L'algèbre spectrale d'une algèbre différentielle filtrée.

Soit S filtrée, munie d'une différentielle (d, ω). On suppose que $f(\omega(s)) = f(s)$ pour tout $s \in S$; désignons par

- C^p l'ensemble des cocycles de S^p
- D^p l'ensemble des cobords contenus dans S^p, donc $D^p = dS \cap S^p$
- J^p l'ensemble des classes de cohomologie contenant un cocycle de C^p.

Les J^p définissent une filtration de H(S) et

$$G(H(S)) = \sum J^p/J^{p+1} = \sum C^p/(C^{p+1} + D^p).$$

L'algèbre spectrale sera constituée par une suite d'algèbres différentielles graduées, dont chacune est l'algèbre de cohomologie de la précédente, et qui, en gros, relient G(S) à G(H(S)). On peut dire peut-être que l'algèbre spectrale permet le calcul par approximations successives de G(H(S)). Soient

C_r^p l'ensemble des éléments de S^p dont le cobord est dans S^{p+r}

D_r^p l'ensemble des éléments de S^p qui sont dans dS^{p-r}, donc

$$D_r^p = dC_r^{p-r} = S^p \cap dS^{p-r}.$$

On a notament les inclusions:

$$\dots \subset D_r^p \subset D_{r+1}^p \subset \dots \subset D^p \subset C^p \subset \dots \subset C_{r+1}^p \subset C_r^p \subset \dots \subset S^p$$

$$C_{r-1}^{p+1} \subset C_r^p \qquad\qquad C_r^p\, C_r^q \subset C_r^{p+q}$$

$$D_{r+1}^{p+1} \subset D_r^p$$

Les C_r^p et D_r^p sont stables pour ω.

Le terme E_r de l'algèbre spectrale est défini comme somme directe des sous-modules E_r^p, où

$$E_r^p = C_r^p / C_{r-1}^{p+1} + D_{r-1}^p \ ;$$

ils sont donc gradués par les E_r^p, on appellera p le degré filtrant. Le produit de $e^p \in E_r^p$ et $e^q \in E_r^q$ est défini comme la projection dans E_r^{p+q} de $c^p \cdot c^q$ où c^p et c^q se projettent sur e^p et e^q respectivement; on vérifie qu'il ne dépend bien que de e^p et e^q (cf. [2], p.16). On a $E_r^p \cdot E_r^q \subset E_r^{p+q}$.

L'automorphisme ω laisse $C_{r-1}^{p+1} + D_{r-1}^p$ et C_r^p invariants, d'où par passage au quotient, un automorphisme de E_r^p, et un automorphisme de E_r. Pour définir une différentielle d_r sur E_r considérons les homomorphismes (additifs) des paires suivantes, où le 2ème terme est contenu dans le ler

$$(C_r^p,\ C_{r-1}^{p+1} + D_{r-1}^p) \xrightarrow{\ d\ } (C_r^{p+r},\ dC_{r-1}^{p+1}) \xrightarrow{\ i\ } (C_r^{p+r},\ C_{r-1}^{p+r+1} + D_{r-1}^{p+r}) ,$$

le premier est défini par la différentielle d, le deuxième par les inclusions (rappelons que $dC_{r-1}^{p+1} = D_{r-1}^{p+r}$), d'où en composant et en passant au quotient, un homomorphisme

$$d_r^p : E_r^p \longrightarrow E_r^{p+r} \ ;$$

il est clair que $d_r^{p+r} \circ d_r^p = 0$, d'où un endomorphisme linéaire d_r de E_r, de carré nul. On vérifie alors (voir [2], No. 9) le

THEOREME 1. <u>E_r est une algèbre différentielle graduée, dont la différentielle d_r augmente le degré de r. E_{r+1} est l'algèbre de cohomologie de E_r, calculée avec la différentielle d_r.</u>

On pose encore $E_{\infty} = \sum E^p_{\infty}$ avec $E^p_{\infty} = C^p/C^{p+1} + D^p$, autrement dit $E_{\infty} = G(H(S))$.

Il est clair que si r croît, E^p_r s'approche de E^p_{∞}, mais ne l'a néanmoins pas toujours comme limite. Dans le cas général on peut définir une algèbre $\lim E_r$ qui contient $G(H(S))$. Mais dans des cas particuliers importants, du reste les seuls qui nous intéresseront, il y aura égalité. De même on voit que si r décroît, E^p_r tend vers S^p/S^{p+1}, on pourrait introduire $E_{-\infty} = G(S)$.

<u>Cas particuliers</u>.

1) Supposons la filtration bornée supérieurement et soit $S^t = 0$. Alors $C^p_r = C^p$ pour $r > t-p$ et d_r est nulle sur C^p_r, qui est ainsi formé de cocycles et appliqué sur E^p_{r+1}; pour $r > t-p$, on a $E^p_r = C^p/C^{p+1}+D^p_{r-1}$, et à la limite $C^p/C^{p+1}+D^p = J^p/J^{p+1}$.

2) Supposons la filtration bornée supérieurement et inférieurement, et soit $S^u = S$, $S^v = 0$; alors d_r, qui augmente le degré filtrant de r, est nul pour $r > v-u$ et pour $r < u-v$, d'où

$$G(S) = \ldots\ldots = E_{r-1} = E_r \quad \text{pour} \quad r \leq u-v$$

$$E_r = E_{r+1} = \ldots\ldots = G(H(S)) \quad \text{pour} \quad r > v-u;$$

on a ainsi relié G(S) à G(H(S)) par un nombre fini d'algèbres différentielles.

3) Si les sous-modules S^p sont stables pour d, ce que nous n'avons pas supposé, mais se présente souvent dans les applications, on a

$$C^p_{-1} = C^p_o = S^p \qquad D^p_{-1} = dC^{p+1}_{-1} = dS^{p+1} \subset S^{p+1}$$

donc $$E^p_o = S^p/S^{p+1} \qquad \text{et} \qquad E_o = G(S) \;;$$

de même pour E_r $(r \leq 0)$. Sur E^p_o, qui est stable pour d^p_o, celle-ci est obtenue par passage au quotient à partir de d, d'après la définition, donc

$$E^p_1 = H(S^p/S^{p+1})$$

enfin en remontant aux définitions, on voit sans peine que

$$d_1^p: H(S^p/S^{p+1}) \longrightarrow H(S^{p+1}/S^{p+2})$$

est l'homomorphisme cobord de la suite exacte de cohomologie du triple (S^p, S^{p+1}, S^{p+2}).

3. Homomorphisme.

Soient S' et S deux algèbres différentielles filtrées; un homomorphisme h de S' dans S sera dit compatible avec la filtration si $h(S'^p) \subset S^p$, autrement dit si $f(h(s)) \geqslant f(s)$. h étant supposé compatible avec les différentielles, on a alors $h(C_r'^p) \subset C_r^p$, $h(D_r'^p) \subset D_r^p$ et h induit un homomorphisme des algèbres spectrales; cela veut dire qu'il définit un homomorphisme, que nous noterons aussi h, de E_r' dans E_r, et si $p_{r,r+1}$ est la projection des cocycles de E_r sur E_{r+1}, on a sur ces cocycles: $p_{r,r+1} \circ h = h \circ p'_{r,r+1}$. Si h est un isomorphisme de E_k' sur E_k, c'est un isomorphisme de E_r' sur E_r pour $r \geqslant k$; on utilise fréquemment le

THEOREME 2. Soient S' et S deux algèbres différentielles filtrées, h un homomorphisme de S' dans S compatible avec ces structures. Si h induit un isomorphisme de E_k' sur E_k et si les filtrations sont bornées supérieurement, h induit un isomorphisme de E_r' sur E_r $(r \geqslant k)$ et un isomorphisme de H(S') sur H(S) conservant la filtration.

On sait déjà que h est un isomorphisme de E_r' sur E_r $(r \geqslant k)$. Notons ici h^* l'homomorphisme de H(S') dans H(S) induit par h.

a) h^* est biunivoque et conserve la filtration; soit c' un cocycle de S', représentant un élément non nul de H(S'), ayant la filtration p, donc $c' \in C'^p$, $c' \notin C'^{p+1}$ et ce n'est pas un cobord. Il a dans $E_r'^p = C_r'^p/C_{r-1}'^{p+1} + D_{r-1}'^p$ pour r assez grand (cf. No. 2) une projection non nulle dont l'image par h est non nulle, donc $h(c') \notin C_{r-1}^{p+1} + D_{r-1}^p$ pour tout r, h(c') n'est pas un cobord; la classe de h(c') ayant une image non nulle dans $J^p/J^{p+1} = \lim E_r^p$ est de filtration p.

b) h^* est sur. Soit c un cocycle de S, à montrer: il est cohomologue à un cocycle de h(S'). Soit p la filtration de c; sa projection dans E_r^p (r grand) est dans l'image de h, d'où $c = h(c_1') + c^{p+1} + dm_1$, pour c^{p+1} on peut refaire le même raisonnement et voir qu'il est de la forme $h(c_2') + c^{p+2} + dm_2$, et ainsi de suite; la filtration étant bornée supérieurement, on arrive finalement à $c = h(c') + dm$.

Remarque. Le théorème vaut aussi si l'on suppose que les degrés de E'_k et E_k, et non pas les filtrations de S' et S, sont bornés supérieurement.

4. Le cas de l'algèbre canonique-filtrée.

C'est le plus important. On dira tout d'abord que S est graduée-filtrée si, outre sa filtration, elle admet une graduation par des sous-modules ${}^nS$, compatible avec la filtration, ce qui signifie que chaque S^p est somme directe de ses intersections avec les ${}^nS$. Si la différentielle est homogène en le degré n, alors la graduation se transmet à toute l'algèbre spectrale et les termes E_r deviennent bigradués. Nous nous contenterons d'expliciter cela dans le cas où S est canonique pour le degré n (donc où d augmente le degré canonique de un). Alors C_r^p est somme directe de modules $C_r^{p,q}$ en posant

$$C_r^{p,q} = C_r^p \cap {}^nS$$
$$D_r^{p,q} = D_r^p \cap {}^nS \qquad (q = n - p)$$

et E_r^p est somme directe de modules $E_r^{p,q}$ où

$$E_r^{p,q} = C_r^{p,q}/C_{r-1}^{p+1,q-1} + D_{r-1}^{p,q}$$

ils sont bigradués par le degré filtrant p, par le degré "complémentaire" q; p+q = n est le degré canonique ou total, il correspond au degré canonique de S; d_r, qui est définie à partir de d, augmente toujours le degré total de 1. On en déduit le

THEOREME 3. Soit S une algèbre canonique-filtrée. Chaque terme de son algèbre spectrale est bigradué par un degré filtrant p et un degré complémentaire q; d_r augmente p de r et diminue q de r-1, elle augmente le degré canonique p+q de 1

H(S) est naturellement gradué par les sous-modules $H^n(S)$ et G(H(S)) par les sous-modules $J^p \cap H^n(S)/J^{p+1} \cap H^n(S) \simeq C^{p,q}/C^{p+1,q-1} + D^{p,q}$ $(q = n - p)$.

Supposons de plus que $0 \leq f(s) \leq$ degré canonique de s; la filtration est alors bornée par n sur les éléments de degré total n. Sur ces derniers $d_r = 0$ pour $r \geq n+1$ et $E_r^{p,q} = E_{r+1}^{p,q} = \dots = E_\infty^{p,q}$ pour p+q = n, $r \geq n+1$. Ainsi, même si l'algèbre spectrale a une infinité de termes E_r d'indice $r \geqslant 0$ distincts, il suffit pour un degré total, de connaître un nombre fini d'entre eux et ici aussi on a $E_\infty = \lim E_r$. Dans ce cas particulier la conclusion du théorème 2 vaut sans que l'on suppose la filtration bornée supérieurement. En effet, ses hypothèses sont vérifiées pour chaque degré canonique considéré séparément.

5. Algèbre spectrale d'un produit tensoriel $K \otimes M$.

Soit K canonique, M une algèbre différentielle, $S = K \otimes M$ l'algèbre différentielle produit tensoriel. On peut la filtrer par le degré en K en posant

$$S^p = \sum_{i \geqslant p} K^i \otimes M.$$

Les règles de la filtration sont vérifiées, de plus ici, $d(S^p) \subset S^p$. Nous voulons calculer les premiers termes de l'algèbre spectrale en supposant K sans torsion. Ici, comme la filtration est déduite d'une graduation, on a

$$E_o = G(S) \cong S$$

car $S^p = K^p \otimes M + S^{p+1}$ et $E_o^p = S^p/S^{p+1} = K^p \otimes M$.

Calculons d_o, on doit pour cela prendre d mod S^{p+1}, or
$d(k^p \otimes m) = dk^p \otimes m + (-1)^p\, k^p \otimes dm$.

Le premier terme est nul mod S^{p+1} et $d_o(k^p \otimes m) = (-1)^p\, k^p \otimes dm$, d_o est la dérivée "partielle" par rapport à M. Désignant par Z et D les cocycles et cobords pour d_o on a, K étant sans torsion, d'après le Théor. 7 de l'Exp. I:

$$Z(K^p \otimes M) = K^p \otimes Z(M) \qquad D(K^p \otimes M) = K^p \otimes D(M)$$

et $H(K^p \otimes M) = K^p \otimes H(M)$, ainsi $E_1 = K \otimes H(M)$.

On peut aussi dire que

$$C_1^p = Z(K^p \otimes M) + S^{p+1} \quad , \quad C_o^{p+1} = S^{p+1}$$

$$D_o^{p+1} = dC_o^{p+1} \subset S^{p+1}$$

$$D_o^p = dC_o^p = dS^p$$

d'où $D_o^p + C_o^{p+1} = D(K^p \otimes M) + C_o^{p+1}$

et $E_1^p = Z(K^p \otimes M)/D(K^p \otimes M) = K^p \otimes H(M)$.

Cela montre que tout élément e^p de E_1^p est projection d'un élément c^p de $K^p \otimes Z(M)$. Pour trouver d_1, il faut appliquer d sur c^p, puis projeter le résultat dans $E_1^{p+1} = K^p \otimes H(M)$. Or c^p est somme de termes

$c_i = k_i^p \otimes m_i$, $(m_i \in Z(M))$ et $dc_i = dk_i \otimes m_i \in K^{p+1} \otimes Z(M)$,

la projection de c_i est le produit de dk_i par la classe de m_i; il s'ensuit que d_1 est la dérivée partielle par rapport à K. Résumons cela par le

THEOREME 4. <u>Soient</u> K <u>et</u> M <u>des algèbres différentielles,</u> K <u>étant canonique sans torsion. Filtrons</u> $S = K \otimes M$ <u>par les sous-modules</u> $S^p = \sum_{i \geqslant p} K^i \otimes M$. <u>On a dans l'algèbre spectrale</u>

$$E_o = K \otimes M \qquad E_1 = K \otimes H(M) \qquad E_2 = H(K \otimes H(M))$$

d_o <u>prolonge la différentielle de</u> M <u>et est nulle sur</u> K; d_1 <u>prolonge la différentielle de</u> K <u>et est nulle sur</u> H(M).

Signalons encore une application intéressante des théorèmes 2 et 4.

THEOREME 5. <u>Soient</u> M' <u>et</u> M <u>deux algèbres différentielles,</u> h <u>un homomorphisme de</u> M' <u>dans</u> M, K <u>une algèbre canonique sans torsion.</u>

<u>Si</u> h <u>est un isomorphisme de</u> H(M') <u>sur</u> H(M) <u>et si le degré de</u> K <u>a une borne supérieure finie, alors l'homomorphisme de</u> $K \otimes M'$ <u>dans</u> $K \otimes M$ <u>induit par</u> h <u>est un isomorphisme de</u> $H(K \otimes M')$ <u>sur</u> $H(K \otimes M)$.

Introduisons dans $K \otimes M'$ et $K \otimes M$ la filtration définie plus haut; h est compatible avec elle et induit un homomorphisme des algèbres spectrales. Sur $E_1 = K \otimes H(M)$ et $E_1' = K \otimes H(M')$ on voit en explicitant les définitions que h résulte de l'identité sur K et de h : $H(M') \to H(M)$; c'est donc, vu l'hypothèse, un isomorphisme sur. On applique ensuite le Théor. 2.

<u>Remarques.</u> 1) Nous avons ici introduit sur $K \otimes M$ une seule filtration, ne dépendant que du degré en K; si M est lui-même gradué ou filtré, on peut aussi définir une filtration qui en tient compte. On peut même en définir une infinité, en multipliant préalablement le degré de K par un entier ℓ; dans [2], $K^{\ell} \otimes M$ désigne $K \otimes M$ muni de cette filtration; dans ce cas, c'est $E_{\ell+1}$ qui joue le rôle de notre E_2 (cf. [2] No.17).

2) Indiquons comment on peut remplacer, dans la démonstration du Théor. 6 de l'Exp. I, la récurrence sur le poids par une étude d'algèbres spectrales. On filtre $E \otimes F = S$ par moins le degré en E en posant

$$S^{-p} = \sum_{i \leq p} E^i \otimes F \qquad \text{(p entier quelconque)};$$

cette filtration est donc différente de celle que nous avons introduite avant, elle correspond à $\ell = -1$ de [2]. Munissons d'autre part F de la filtration nulle; son algèbre spectrale est naturellement $E_r = F$ pour $r \leq 0$, $E_r = H(F)$ pour $r > 0$. L'homomorphisme $f \to u \otimes f$ conserve la filtration et donne un homomorphisme des algèbres spectrales. Dans l'algèbre spectrale de $E \otimes F$, on calcule:

$$E_{-1} = G(S) = E \otimes F \qquad S^{-p} = C^{p}_{-1} = E^p \otimes F + S^{-p+1}$$

ensuite, en désignant par Z et D les cocycles et cobords pour la dérivée partielle par rapport à E, on voit que

$$C^{-p}_{o} = Z(E^p \otimes F) + S^{-p+1}$$

$$D^{-p}_{o} + C^{-p+1}_{-1} = D(E^p \otimes F) + S^{-p+1}$$

donc $$E^{-p}_{o} = Z(E^p \otimes F)/D(E^p \otimes F) ;$$

mais les assertions prouvées dans la 1ère partie de la démonstration du Théor. 6 de l'Exp. I montrent précisément que

$$E^{o}_{o} = u \otimes F, \qquad E^{p}_{o} = 0 \text{ si } p \neq 0,$$

E_o est de degré nul; pour les différentielles d_r, on a $d_r = 0$ si $r > 0$, $E_1 = H(E_o) = E_\infty = G(H(E \otimes F)) = H(E \otimes F)$ puisqu'il n'y a qu'un degré. L'homomorphisme $F \to u \otimes F$ induit donc un isomorphisme de $E_o = F$ sur $E_o = u \otimes F$, donc de $E_1 = H(F)$ sur $E_1 = H(E \otimes F)$, ce qui remplace la 2ème partie de la démonstration.

6. Algèbres spectrales des complexes K o $\underline{F}$ et K o L.

Nous voulons obtenir des analogues topologiques du théor. 4 qui seront souvent utilisés; ils seront établis naturellement par passage du local au global.

LEMME 1. Soient K un complexe canonique fin sans torsion, $\underline{F}$ un faisceau différentiel. On suppose $S = K \circ \underline{F}$ muni de la différentielle nulle sur K qui prolonge celle de F. Alors $Z(K \circ \underline{F}) = K \circ Z(\underline{F})$, $D(K \circ \underline{F}) = K \circ D(\underline{F})$, $H(K \circ \underline{F}) = K \circ H(\underline{F})$.

Les endomorphismes r_i qui font de $K \circ \underline{F}$ un complexe fin sont définis à partir d'endomorphismes de $\underline{K} \otimes \underline{F}$ qui n'opèrent que sur K et ainsi commutent avec la différentielle, et l'on peut appliquer le lemme 6 de l'Exp.III. Compte tenu du Lemme 3a de l'Exp. V et du théor. 7 de l'Exp.I, on obtient

$$xZ(K \circ \underline{F}) = Z(x(K \circ \underline{F})) = Z(xK \otimes \underline{F}_x) = xK \otimes Z(\underline{F}_x) = x(K \circ Z(\underline{F}))$$

$$xD(K \circ \underline{F}) = D(x(K \circ \underline{F})) = D(xK \otimes \underline{F}_x) = xK \otimes D(\underline{F}_x) = x(K \circ D(\underline{F}))$$

Il y a un homomorphisme évident h de $K \circ Z(\underline{F})$ dans $Z(K \circ \underline{F})$ qui est un isomorphisme pour les sections par un point x d'après les égalités ci-dessus; $K \circ Z(\underline{F})$ et $Z(K \circ \underline{F})$ sont stables par les endomorphismes r_i, ce sont donc tous deux des complexes fins à supports compacts, et h est un isomorphisme d'après le lemme 1 de l'Exp. III. De même on voit que $D(K \circ \underline{F}) = K \circ D(\underline{F})$.

De la suite exacte $0 \to D(\underline{F}) \to Z(\underline{F}) \to H(\underline{F}) \to 0$ on déduit d'après le théor. 6 de l'Exp. V que la suite

$$0 \to K \circ D(\underline{F}) \to K \circ Z(\underline{F}) \to K \circ H(\underline{F}) \to 0$$

est exacte, ce qui montre que

$$K \circ H(\underline{F}) = K \circ Z(\underline{F})/K \circ D(\underline{F}) = Z(K \circ \underline{F})/D(K \circ \underline{F}) = H(K \circ \underline{F}).$$

THEOREME 6. <u>Soient K un complexe canonique fin, sans torsion, $\underline{F}$ un faisceau. Filtrons $S = K \circ \underline{F}$ par les sous-complexes $S^p = \sum_{i \geq p} K^i \circ \underline{F}$. Dans l'algèbre spectrale correspondante, on a</u>

$$E_o = G(S) = K \circ \underline{F}, \quad E_1 = K \circ H(\underline{F}), \quad E_2 = H(K \circ H(\underline{F}));$$

<u>d_o est une différentielle prolongeant celle de $\underline{F}$ et nulle sur K, d_1 est une différentielle prolongeant celle de K et nulle sur $H(\underline{F})$.</u>

Du lemme 3b de l'Exp. V résulte que $S^p = K^p \circ \underline{F} + S^{p+1}$, d'où $E_o = G(S)$ puisque $d(S^p) \subset S^p$. Le fait que d_o est la différentielle indiquée dans l'énoncé se voit exactement comme dans le théorème 4, et le lemme 2 donne alors l'égalité relative à E_1. Enfin pour d_1 raisonnement analogue à celui du Théor. 4. On remarquera que E_1 a ainsi une structure de complexe.

Soit maintenant L un complexe; on peut naturellement aussi filtrer $K \circ L$ par le degré en K et chercher les premiers termes de l'Algèbre spectrale; on trouve pour E_o et d_o la même chose que dans le Théor.4, mais il est assez clair à priori que l'on n'aura pas $E_1 = K \otimes H(L)$; en effet, dans le cas du produit tensoriel, on l'obtenait à partir de $Z(K \otimes L) = K \otimes Z(L)$ et $D(K \otimes L) = K \otimes D(L)$, or les analogues avec o au lieu de $\otimes$ n'ont guère de chance de valoir : parce que, comme $S(dm) \subset S(m)$, il se peut fort bien que l'on ait $k \circ m \neq 0$, $k \circ dm = 0$ mais $dm \neq 0$; il suffit en effet que $S(dm) \cap S(k) = \emptyset$, ce qui est possible même si $S(k) \cap S(m) \neq \emptyset$. On voit ainsi apparaître deux sortes de cocycles pour d_o, ceux qui le sont déjà dans $K \otimes L$ et qui forment $K \otimes Z(L)$, et ceux qui le sont pour des raisons géométriques, parce que leur cobord a un support vide. Dans le calcul de E_1 il va falloir tenir compte aussi des supports de K; cela rend assez plausible à priori la necessité d'introduire le faisceau associé à L et de remplacer K o L par K o $\underline{L}$, ce qui permet de mieux tenir compte des supports.

THEOREME 7. Soient K un complexe canonique fin sans torsion, L un complexe à supports compacts. Filtrons S = K o L par les sous-complexes $S^p = \sum_{i \geq p} K^i \circ L$. On a dans l'algèbre spectrale correspondante

$$E_o = G(S) = K \circ L \; ; \quad E_1 = K \circ H(\underline{L}) \; ; \quad E_2 = H(K \circ H(\underline{L}))$$

d_o est la différentielle nulle sur K qui prolonge celle de L,
d_1 est la différentielle nulle sur $H(\underline{L})$ qui prolonge celle de K.

Dans l'isomorphisme de K o L (égal ici à (K o L)* puisque L est à supports compacts), sur K o $\underline{L}$ du lemme 4 de l'Exp. V la filtration se transporte en celle du théor. 6, d'où le Théor.7.

7. Une application.

Dans les exposés ultérieurs, nous utiliserons surtout les Théorèmes 6 et 7 ci-dessus. Ici, nous voulons discuter une application qui se rattache au 3ème lemme de passage du local au global de l'Exp. III.

THEOREME 8. Soient K canonique fin sans torsion, à degrés bornés supérieurement, à supports compacts, $\underline{F}'$ et $\underline{F}$ (resp. L' et L) des faisceaux (resp. des complexes), f un homomorphisme de $\underline{F}'$ dans $\underline{F}$ (resp. L' dans L) induisant un isomorphisme de $H(\underline{F}'_x)$ sur $H(\underline{F}_x)$, (reps. H(xL') sur H(xL)) pour tout x. Alors f induit un isomorphisme de H(K o $\underline{F}'$) sur H(K o $\underline{F}$), (resp. de H(K o L') sur H(K o L)).

Soit h l'homomorphisme de K o $\underline{F}'$ dans K o $\underline{F}$ induit par l'identité sur K et f. Filtrons ces deux complexes par le degré en K- Alors h induit un homomorphisme des algèbres spectrales. En explicitant les isomorphismes du théor. 6 on voit sans difficulté que sur E_1, h est l'homomorphisme résultant de l'identité sur K et de $f : H(\underline{F}') \rightarrow H(\underline{F})$ les complexes K o $H(\underline{F}')$ et K o $H(\underline{F})$ sont tous deux fins à supports compacts et d'après le lemme 3a de l'Exp. V, leurs sections par x sont respectivement égales à $xK \otimes H(\underline{F}'_x)$ et $xK \otimes H(\underline{F}_x)$ donc sont isomorphes par h.

Vu le lemme 1 de l'Exp. III, h est donc un isomorphisme de E'_1 sur E_1; comme les filtrations sont bornées supérieurement, on peut appliquer le théor. 2. L'assertion relative à L' et L se ramène au cas déjà traité en remplaçant L' et L par $\underline{L}'$ et $\underline{L}$ et en utilisant le lemme 4 de l'Exp. V.

Remarque. Si $\underline{F}'$ et $\underline{F}$ (resp. L' et L) sont gradués, avec des degrés $\geqslant 0$ et des différentielles augmentant ce degré de 1, le Théor. 8 est valable sans supposer la graduation de K bornée supérieurement. La démonstration est la même, à cela près qu'à la fin il faut remplacer le Théor. 2 par l'assertion soulignée à la fin du No.4. De même le théor. 9 vaut sur X non nécessairement de dimension finie lorsque L' et L sont gradués par des degrés $\geqslant 0$, avec des différentielles augmentant le degré de 1, et généralise ainsi le lemme 5 de l'Exp. III.

THEOREME 9. *Soient* X *localement compact de dimension finie,* $\underline{F}'$ *et* $\underline{F}$ *(resp.* L' *et* L) *des faisceaux (resp. complexes) fins différentiels,* h *un homomorphisme de* $\underline{F}'$ *dans* $\underline{F}$ *(resp.* L' *dans* L) *induisant un isomorphisme de* $H(\underline{F}')$ *sur* $H(\underline{F})$, *(resp. de* $H(xL')$ *sur* $H(xL)$ *pour tout* $x \in X$). *Alors* h *est un isomorphisme de* $H(S^*(\underline{F}'))$ *sur* $H(S^*(\underline{F}))$, *resp. de* $H(L')$ *sur* $H(L)$.

$S^*(\underline{F})$ et $S^*(\underline{F}')$ sont des complexes fins dont les sections par x sont $\underline{F}_x$ et $\underline{F}'_x$ (Exp. V, lemme 2d). Le cas des faisceaux dans l'énoncé précédent se ramène donc à celui des complexes.

Soit C une couverture fine de X; on considère comme dans le lemme 5 de l'Exp. III le diagramme

$$\begin{array}{ccc} L' & \longrightarrow & C \circ L' \\ \downarrow h & & \downarrow h \\ L & \longrightarrow & C \circ L \end{array}$$

Les homomorphismes horizontaux sont du type $m \to u \circ m$ où u est une unité relative à m et sont des isomorphismes pour la cohomologie d'après le lemme 2 de l'Exp. III. Il suffit donc de montrer que l'homomorphisme vertical de droite, produit de l'identité sur C et de h, est un isomorphisme pour la cohomologie; comme X est de dimension finie, on peut prendre une couverture fine à degrés bornés supérieurement (Exp.IV, Théor.3) et on est ramené au Théor. 8.

Exposé VII : ALGEBRE SPECTRALE D'UNE APPLICATION CONTINUE

****

1. Généralités sur les applications continues ou propres.

X,Y seront toujours des espaces localement compacts, f une application continue de X dans Y; f est propre si l'image réciproque de tout compact est un compact; on voit facilement que f est propre si et seulement si l'image d'un fermé est un fermé et l'image réciproque d'un point est un compact.

Image et image réciproque d'un complexe. Soit L un complexe sur Y. Attachons à tout élément de L comme nouveau support sur X l'image réciproque de son support dans Y; le quotient de L par les éléments de nouveau support vide est un complexe sur X, noté $f^{-1}(L)$, l'image réciproque de L. Si f est l'injection d'un sous-espace X dans Y, $f^{-1}(L)$ est la section de L par X, introduite dans l'Exp. II; si f est surjective, $f^{-1}(L)$ est algébriquement isomorphe à L.

Supposons f propre ou le complexe K sur X à supports compacts. Alors f(S(k)) est fermé pour $k \in K$ et en prenant f(S(k)) comme nouveau support, on définit sur Y un complexe, l'image de K, noté f(K) ou fK; algébriquement fK est isomorphe à K.

LEMME 1. 1) $f^{-1}(L \circ L') = f^{-1}(L) \circ f^{-1}(L')$.

2) La section de $f^{-1}(L)$ par $X' \subset X$ est algébriquement isomorphe à la section de L par f(X'), en particulier $xf^{-1}(L) = f(x).L$.

3) Si $Y' \subset Y$, Y'f(K) est algébriquement isomorphe à $f^{-1}(Y').K$.

4) Si f est propre et K fin, f(K) est fin.

5) Soient K un complexe fin à supports compacts sur X, L un complexe sur Y. Alors $f(f^{-1}(L) \circ K) = L \circ f(K)$.

Nous omettons la démonstration des assertions (1) à (4) qui est immédiate.

5) f(K) est algébriquement isomorphe à K, d'où un homomorphisme h de $L \boxtimes f(K)$ sur $f^{-1}(L) \boxtimes K$; soient $x \in X$, $y = f(x)$, $F_y = f^{-1}(y)$; on a $yL \boxtimes yf(K) = yL \boxtimes F_yK$ et $x(f^{-1}(L) \boxtimes K) = yL \boxtimes xK$, donc h envoie les éléments de supports vide en des éléments de support vide et définit par passage au quotient un homomorphisme h de $L \circ f(K)$ sur $f^{-1}(L) \circ K$. En le composant avec f, on obtient un homomorphisme g de $L \circ f(K)$ sur $f(f^{-1}(L) \circ K)$; g est un isomorphisme pour les sections par y, toutes deux nulles si $y \notin f(X)$, égales à $yL \boxtimes F_yK$ si $y = f(x)$;

puisque g conserve les supports c'est une application injective; comme il est d'autre part surjectif, c'est un isomorphisme.

LEMME 2. Soient K et L des A-couvertures fines de X et Y respectivement. Alors $f^{-1}(L) \circ K$ est une A-couverture fine de X.

$f^{-1}(L) \circ K$ est fin à supports compacts, puisque K a ces deux propriétés. $x(f^{-1}(L) \circ K) = yL \otimes xK$ est sans torsion, comme produit de deux algèbres sans torsion; $H(yL \otimes xK) = H(xK) = H^0(xK) = A$ puisque $H(yL) = H^0(yL) = A$ (Exp. I, Théor.6). Enfin, si X' est un compact de X, l'élément $f^{-1}(v) \circ u$, où v (resp. u), est une unité relative pour f(X') (resp. X'), est une unité relative pour X'.

2. Homomorphisme $f^* : H(Y,M) \to H(X,M)$ induit par f.

Soient f une application propre de X dans Y, L et K des A-couvertures fines de Y et X, M une A-algèbre. Etant donné $h \in L$, associons-lui l'élément $f^{-1}(h) \circ u$ de $f^{-1}(L) \circ K$, où u est une unité relative à $f^{-1}(S(h))$. Cet élément ne dépend pas de l'unité relative (Exp.II, Théor.8), l'on définit ainsi un homomorphisme de L dans $f^{-1}(L) \circ K$, d'où un homomorphisme f' de $L \otimes M$ dans $f^{-1}(L) \circ K \otimes M$. L'homomorphisme induit de $H(L \otimes M) = H(Y,M)$ dans $H(f^{-1}(L) \circ K \otimes M) = H(X,M)$ (cf. Exp. III et lemme 2 ci-dessus), est f^* par définition. Lorsque f n'est pas propre, on posera $f^* = 0$ (parce qu'il s'agit ici de cohomologie à supports compacts).

Remarques.

1) Cet homomorphisme est "indépendant des couvertures fines L et K" dans le sens suivant : Soient L_1 et K_1 d'autres A-couvertures fines, f_1^* l'homomorphisme correspondant à f^*. Alors si l'on identifie $H(L \otimes M)$ à $H(L_1 \otimes M)$ et $H(f^{-1}(L) \circ K \otimes M)$ à $H(f^{-1}(L_1) \circ K_1 \otimes M)$ par les isomorphismes qui permettent d'établir le théorème d'unicité (Exp. III), alors f^* se transporte en f_1^*. Pour le voir on compare f^* et f_1^* à l'homomorphisme f_2^* défini à l'aide des A-couvertures fines $L \circ L_1$ et $K \circ K_1$; nous omettons la démonstration qui ne présente pas de difficulté.

2) f_* a naturellement une propriété de transitivité : Soient $X \xrightarrow{f} Y \xrightarrow{g} Z$ des applications propres, alors $(g \circ f)^* = f^* \circ g^*$; pour le voir il suffit, si L et N sont des A-couvertures fines de Y et Z, de remplacer L par $g^{-1}(N) \circ L$ dans la définition de f^*.

3) Soient en particulier K_M, L_M, K_A, L_A les complexes des cochaînes d'Alexander-Spanier à supports compacts de X et Y à valeurs dans M ou A. On a un homomorphisme naturel de L_M dans K_M ou de L_A dans K_A, c'est celui qui à une fonction $h(y_o,\dots,y_p)$ fait correspondre la fonction $k(x_o,\dots,x_p) = h(f(x_o),\dots,f(x_p))$, d'où un homomorphisme $g^* : H(L_M) \longrightarrow H(K_M)$; il suffit du reste d'après l'Exp. IV, Théor.1 de considérer l'homomorphisme $H(L_A \otimes M) \longrightarrow H(K_A \otimes M)$ ainsi obtenu. Cet homomorphisme est f*, c'est-à-dire que l'on a le diagramme commutatif

$$\begin{array}{ccc} H(K_A \otimes M) & \overset{i}{\longleftrightarrow} & H(f^{-1}(L_A) \circ K_A \otimes M) \\ & {\scriptstyle g^*}\nwarrow \quad \nearrow{\scriptstyle f^*} & \\ & H(L_A \otimes M) & \end{array}$$

si i désigne l'isomorphisme du théorème d'unicité. Nous laissons de côté la démonstration, facile, de ce point qui ne jouera pas de rôle pour nous.

4) Soit X un sous-espace de Y et i l'injection de X dans Y; $H(XL \otimes M) = H(X,M)$ et on a un homomorphisme naturel j^* de $H(Y,M) = H(L \otimes M)$ dans $H(X,M)$, c'est i^*; en effet $i^{-1}(L) = XL$ et i^* s'obtient en composant j^* avec l'homomorphisme déduit de $i^{-1}(L) \otimes M \longrightarrow i^{-1}(L) \circ K \otimes M$, et qui est précisément l'isomorphisme du théorème d'unicité.

3. L'algèbre spectrale d'une application continue.

Soit $f : X \to Y$ continue, K et L des A-couvertures fines de X et Y, M une A-algèbre. Nous filtrons $S = f^{-1}(L) \circ K \otimes M = (f^{-1}(L) \circ K) \otimes M$ par les sous-modules (qui ici sont du reste des idéaux):

$$S^p = \sum_{i \geqslant p} f^{-1}(L^i) \circ K \otimes M$$

Le degré naturel de $f^{-1}(L) \circ K$ en tant que couverture fine de X, celui qui induit la graduation de H(X,M) par les $H^n(X,M)$ est le degré total, somme des degrés en $f^{-1}(L)$ et K, par rapport auquel S est canonique. D'autre part S est isomorphe à $L \circ (fK \otimes M)$ (lemme 1.5), la filtration étant alors donnée par les idéaux

$$S = \sum_{i \geqslant p} L^i \circ f(K \otimes M)$$

Nous sommes dans le cas de l'algèbre canonique filtrée, où la filtration vérifie de plus $0 \leq f(h) \leq$ degré h, pour $h \neq 0$, homogène dans le degré total (Exp.VI,No.4) et toutes les hypothèses du théorème 7 de l'Exp. VI sont remplies. On a donc le

THEOREME 1. Soit $f : X \to Y$ une application continue, K et L des A-couvertures fines, M une A-algèbre, et soit $\underline{F}$ le faisceau associé à $f(K \boxtimes M)$. Alors il existe une algèbre spectrale dans laquelle

$$E_o = \mathcal{G}\,(f^{-1}(L) \circ K \boxtimes M) \qquad E_1 = L \circ H(\underline{F}) \qquad E_2 = H(L \circ H(\underline{F}))$$

(d_o est la dérivée par rapport à K, d_1 la dérivée par rapport à L) et qui se termine par l'algèbre graduée associée à H(X,M) convenablement filtré.

Le terme E_2 est particulièrement intéressant; c'est l'algèbre de cohomologie de Y par rapport au faisceau $H(\underline{F})$, qui est le faisceau associant à $y \in Y$ l'algèbre de cohomologie $H(f^{-1}(y),M)$ de son image réciproque. Si M est commutative, le terme E_2, et par conséquent les suivants, a un produit anticommutatif pour le degré total (anticommutatif signifie : $h^p h^q = (-1)^{pq}\, h^q h^p$) (cf. Exp. V, fin). L'algèbre spectrale vérifie de plus le théorème 3 de l'Exp. VI, c'est-à-dire : E_r est bigradué, sa différentielle augmente le degré filtrant p de r, diminue le degré complémentaire de r-1, augmente le degré total de 1.

Supposons que f vérifie l'hypothèse suivante : Etant donné $h \in H(f^{-1}(y),M)$ il existe un voisinage V de y tel que h soit dans l'image de $H(f^{-1}(V),M)$ par l'homomorphisme induit par l'injection. Alors la topologie de $H(\underline{F})$ se décrit aisément: les sections locales de la forme $z \to f^{-1}(z).t$ ($z \in U$, U ouvert de Y, $t \in H(f^{-1}(U),M)$) définissent un système fondamental de voisinages de $H(\underline{F})$.

La filtration a un sens géométrique assez clair. Elle indique en somme jusqu'à quel point on peut exprimer un élément de S par les termes $f^{-1}(L)$. La filtration de h indique le degré minimum de la composante en $f^{-1}(L)$ des différents monômes qui forment h. Dans la filtration de H(X,M), une classe de cohomologie est de filtration p si elle contient un cocycle de S^p mais pas de cocycle de S^{p+1}.
Soit f propre. Les cocycles de $f'(L \boxtimes M)$ (cf. No.2) ont des degrés totaux et filtrants égaux, les classes de cohomologie qui leur correspondent dans $H^p(X,M)$ ont le degré filtrant maximum p. L'image de f^* est donc formée d'éléments dont les degrés filtrants et totaux sont égaux. Nous reviendrons sur cette question dans le No. suivant.

Remarques.

1) En fait, le No.50 de [2] fait correspondre à f une infinité d'algèbres spectrales, chacune étant définie à partir d'une filtration de S qui se caractérise

par deux entiers ℓ,m, mais, au moins pour les espaces fibrés, des filtrations différentes ne donnent pas des algèbres spectrales essentiellement différentes; les filtrations sont plus ou moins commodes suivant les problèmes envisagés. Celle qui est utilisée ici est la filtration $\ell = 0$, $m = 1$ de [2].

2) Nous n'avons considéré que le cas des coefficients constants M, mais on peut aussi définir une algèbre spectrale par rapport à un faisceau quelconque (cf. [2] , No.50).

3) L'algèbre spectrale est aussi "indépendante des couvertures fines" dans un sens analogue à celui du No. 2 (cf. [2], No.50).

4. L'homomorphisme f^* dans l'algèbre spectrale.

Nous reprenons les notations des Nos. 2, 3.

LEMME 3. Supposons f propre, $f^{-1}(y)$ connexe pour tout $y \in Y$. Alors dans la filtration de S par les idéaux S^p, on a $C_1^{p,o} = f'(L^p \circledast M)$.

Il revient au même de démontrer que $C_1^{p,o} = f(f'(L^p \circledast M))$ dans $L \circledast f(K \circledast M)$. Par définition, $C_1^{p,o}$ est formé des éléments de $L^p \circ (f(K \circledast M))$ qui sont des cocycles pour la dérivée partielle par rapport à K; il contient évidemment $f(f'(L^p \circledast M))$ et il reste à établir l'inclusion contraire. Soit $s \in L^p \circ f(K \circledast M)$ un élément de $C_1^{p,o}$. Si $y \in Y$ ne fait pas partie de f(X), on a $y(L \circ f(K \circledast M)) = 0$, sinon, en posant $F_y = f^{-1}(y)$, on a $y(L \circ f(K \circledast M)) = yL \circledast F_y(K \circledast M))$; d'après le No.6 de l'Exp. V, les cocycles de $F_y(K^o \circledast M)$ forment l'algèbre $F_y(u \circledast M)$, où u est une unité relative à F_y; par conséquent, le Théor. 7 de l'Exp. I montre que les cocycles de $yL^p \circledast F_y(K^o \circledast M)$ relativement à la dérivée partielle par rapport à K sont les éléments de $yL^p \circledast F_y(u \circledast M)$; vu la définition de f' (No.2), il est clair qu'ils font partie de $yf(f'(L^p \circledast M))$. Ainsi, l'inclusion de $f(f'(L^p \circledast M))$ est un isomorphisme pour les sections par chaque point de Y; $L^p \circ f(K \circledast M)$ est à supports compacts, et l'ensemble des cocycles pour la dérivée partielle par rapport à K est fin, puisque cette dérivée commute aux endomorphismes de L^p. D'autre part $f(f'(L^p \circledast M))$ est engendré par les éléments $z \circ f(u \circledast m)$ où u est une unité relative à $f^{-1}(S(z))$, et est donc aussi stable pour les endomorphismes de L. L'inclusion de $f(f'(L^p \circledast M))$ dans $C_1^{p,o}$ est donc un isomorphisme d'après le lemme 1 de l'Exp. III.

D'après le lemme 1, $f^{-1}(L) = X.f^{-1}(L) = f(X).L$. D'autre part l'homomorphisme canonique de $f^{-1}(L)$ dans $f^{-1}(L) \circ K$ défini à l'aide d'unités relatives est injectif (Exp.II, Théor.8), par conséquent $f'(L \boxtimes M)$ s'identifie à $f(X).L \boxtimes M$. Reprenons maintenant l'algèbre spectrale de f. $C_2^{p,o}$ est l'ensemble des cocycles de $f'(L \boxtimes M)$, $D_1^{p,o} = d(f'(L^{p-1} \boxtimes M))$, $C_1^{p+1,-1}$ est nul, d'où, vu $f'(L \boxtimes M) = f(X) \boxtimes M$:

$$(1) \qquad E_2^{p,o} = C_2^{p,o}/C_1^{p+1,-1} + D_1^{p,o} = H^p(f(X),M)$$

D'autre part $E_r^{p,o}$ $(r \geqslant 2)$ est formé de cocycles pour d_r puisque cette dernière diminue le degré complémentaire de r-1, donc $E_{r+1}^{p,o}$ est un quotient de $E_r^{p,o}$, il lui est isomorphe pour $r \geqslant p+1$, donc $E_{p+1}^{p,o} = E_\infty^{p,o}$ (car pour $r \geqslant p+1$, d_r est forcément nul sur les éléments de degré total p, $E_r^{p,o}$ ne contient donc pas de cobords). Par définition $E_\infty^{p,o} = J^{p,o}/J^{p+1,-1}$ (notations de l'Exp. VI) et comme $J^{p+1,-1} = 0$, $E_\infty^{p,o}$ s'identifie à un sous-module de $H^p(X,M)$, la manière dont on obtient l'égalité (1) montre que $E_\infty^{p,o}$ est l'image de f*. Finalement on a le

THEOREME 2. <u>Soient $f : X \longrightarrow Y$ propre, et $f^{-1}(y)$ connexe pour tout $y \in Y$. Alors dans l'algèbre spectrale de</u> f, $E_2^{p,o} = H^p(f(X),M)$, $E_\infty^{p,o}$ <u>est un quotient de $E_2^{p,o}$ et un sous-module de</u> $H^p(X,M)$. <u>En composant les homomorphismes</u> $H^p(f(X),M) = E_2^{p,o} \longrightarrow E_\infty^{p,o} \longrightarrow H^p(X,M)$, <u>on obtient</u>

$$f^* : \quad H^p(f(X),M) \longrightarrow H^p(X,M).$$

En particulier, sous les hypothèses faites, l'image de f* est formée de tous les éléments de H(X,M) qui ont des dimensions et degrés filtrants égaux.

5. Une application: Le théorème de Vietoris-Begle.

On dira que X a une cohomologie triviale jusqu'à n relativement à M si $H^o(X,M) \cong M$, $H^i(X,M) = 0$ $(0 < i \leq n)$; en particulier X est compact connexe (Exp. V, No.6) et non vide.

THEOREME 3. <u>Soit $f : X \rightarrow Y$ propre. On suppose que pour tout</u> y, $f^{-1}(y)$ <u>a relativement à</u> M <u>une cohomologie triviale jusqu'à</u> n. <u>Alors</u> f* <u>est un isomorphisme de</u> $H^i(Y,M)$ <u>sur</u> $H^i(X,M)$ $0 \leq i \leq n$).

Nous reprenons les notations du Théor. 1: Il résulte de l'hypothèse et de ce théorème que dans l'algèbre spectrale de f, on a

$E_1^{p,o} = L^p \otimes M$, $E_1^{p,i} = 0$ pour $p \geqslant 0$, $1 \leq i \leq n$; il s'ensuit évidemment que $E_r^{p,i} = 0$ pour $r \geqslant 1$, $p > 0$, $1 \leq i \leq n$; ainsi pour les éléments de degré total $\leq n$, E_2 se réduit aux termes $E_2^{p,o} = H^p(Y,M)$ (cf. Théor. 2, on remarquera qu'ici f est surjectif puisque par hypothèse $f^{-1}(y)$ est non vide pour tout $y \in Y$), et d_r est nulle pour $r \geqslant 2$, d'où ${}^pE_\infty = E_\infty^{p,o} = H^p(Y,M)$, $(p \leq n)$ et le théorème.

6. Représentation d'une application dans une application.

Nous nous bornerons à quelques indications (pour plus de détails cf.[2], Nos. 54-55).

Soient $f' : X' \to Y'$ et $f : X \to Y$ deux applications continues. Une représentation de f' dans f est la donnée de deux applications continues $g : X' \to X$ et $h : Y' \to Y$ vérifiant le diagramme commutatif

(2) $$\begin{array}{ccc} X' & \xrightarrow{\quad g \quad} & X \\ \downarrow{\scriptstyle f'} & & \downarrow{\scriptstyle f} \\ Y' & \xrightarrow{\quad h \quad} & Y \end{array}$$

Nous voulons lui associer un homomorphisme de l'algèbre spectrale (E_r) de f dans l'algèbre spectrale (E'_r) de f'. Nous ne le ferons ici que dans le cas où g est propre.

Soient K', K, L', L des A-couvertures fines de X', X, Y', Y; alors $h^{-1}(L) \circ L'$ est une A-couverture fine de Y'; il y a un homomorphisme de L dans $h^{-1}(L) \circ L'$, (celui qui définit h^*), qui fournit aussi un homomorphisme de $f^{-1}(L)$ dans $f'^{-1}(h^{-1}(L) \circ L')$, vu la commutativité de (2) notons-le h_1; notons comme au No.2 g' l'homomorphisme de $K^* \otimes M$ dans $(g^{-1}(K) \circ K') \otimes M$, qui définit g^*.

Pour définir l'algèbre spectrale de f, on partira de la couverture fine $S = f^{-1}(L) \circ K \otimes M$ comme précédemment, mais par contre pour (E'_r), nous utiliserons

$$S' = f'^{-1}(h^{-1}(L) \circ L') \circ (g^{-1}(K) \circ K') \otimes M$$

autrement dit, au lieu d'utiliser directement L' et K', on prend des couvertures fines d'expression un peu plus compliquée $h^{-1}(L) \circ L'$ et $g^{-1}(K) \circ K'$. On filtrera naturellement S' par le degré total de $h^{-1}(L) \circ L'$, en posant donc

$$(h^{-1}(L) \circ L')^i = \sum_{a+b=i} h^{-1}(L^a) \circ L'^b$$

$$S'^p = \sum_{i \geqslant p} f'^{-1}(h^{-1}(L) \circ L')^i \circ (g^{-1}(K) \circ K') \boxtimes M$$

h_1 et g' définissent alors un homomorphisme de S dans S' compatible avec les filtrations, d'où un homomorphisme, que nous noterons g^*, de (E_r) dans (E'_r), c'est l'homomorphisme associé à la représentation de f' dans f donnée. Il ne dépend pas des couvertures fines.

On obtient aussi un homomorphisme de $H(S) = H(K \boxtimes M) = H(X,M)$ dans $H(S') = H((g^{-1}(K) \circ K') \boxtimes M) = H(X',M)$ qui est bien le g^* introduit au No. 2.

THEOREME 4. <u>Soient</u> X',X,Y',Y <u>compacts</u>, f',f,g,h <u>des applications vérifiant (2);</u> <u>on suppose que</u> $f'^{-1}(y')$ <u>et</u> $f^{-1}(y)$ <u>sont connexes</u> $(y' \in Y',\ y \in Y)$, <u>et que</u> f' <u>et</u> f <u>sont surjectives. Alors l'homomorphisme</u> g^* <u>de</u> $E_2^{p,o} = H(Y,M)$ <u>dans</u> $E'^{p,o}_2 = H^p(Y',M)$ <u>est le transposé</u> h^* <u>de</u> h.

C'est une conséquence facile des définitions et du No.2. En effet, on peut écrire (lemme 2)

$$S' = h^{-1}(L) \circ L' \circ f((g^{-1}(K) \circ K') \boxtimes M)$$

$$S = L \circ f(K \boxtimes M)$$

f' et f étant surjectifs, les images des éléments neutres de $g^{-1}(K) \circ K'$ et K ont comme supports Y' et Y. Cela et le lemme 3 donnent

$$C'^{p,o}_1 = (h^{-1}(L) \circ L')^p \circ f(u) \boxtimes M = (h^{-1}(L) \circ L')^p \boxtimes M$$

$$C^{p,o}_1 = L^p \circ f(u) \boxtimes M = L^p \boxtimes M$$

et l'homomorphisme de $C'^{p,o}_1$ dans $C^{p,o}_1$ donné par g^* est bien celui que nous avons pris pour définir h^*.

Exposé VIII : ALGEBRE SPECTRALE DES ESPACES FIBRES

*****

Les applications importantes de l'algèbre spectrale d'une application continue f connues jusqu'à présent concernent presque toutes le cas où f est la projection d'un espace fibré sur sa base. L'algèbre spectrale devient alors un instrument plus maniable surtout parce que le terme E_2 prend une forme simple. Cet exposé est principalement consacré à l'étude de E_2 et à celle des éléments de degré filtrant 0 de l'algèbre spectrale, qui admettent une interprétation topologique simple dans le cas des espaces fibrés. L'exposé IX contiendra des applications de cette théorie.

Bibliographie: [2] J. Leray, Journ. math. pur. appl. 29, 1-139 (1950)

[3] J. Leray, L'homologie d'un espace fibré dont la fibre est connexe, Journ. math. pur. appl. 29, 169-213 (1950)

1. Espaces fibrés : définition.

Définition. Une fibration (E,B,F,p) est un système formé de 3 espaces E,B,F, et d'une application ouverte p de E sur B ayant la propriété suivante : pour tout $b \in B$ il existe un voisinage V_b de b et un homéomorphisme de $p^{-1}(V_b)$ sur $V_b \times F$ qui applique $p^{-1}(c)$ sur $c \times F$ pour tout $c \in V_b$; on appelle E l'espace total (ou l'espace fibré), B la base, F la fibre type, p la projection de la fibration.

On dit qu'une fibration est triviale s'il existe un homéomorphisme de E sur $B \times F$ qui applique $p^{-1}(b)$ sur $b \times F$ pour tout $b \in B$. La définition adoptée ici est donc celle de fibration localement triviale. On désignera par F_b le sous-espace $p^{-1}(b)$, la fibre sur b, il est donc homéomorphe à F.

2. Algèbre spectrale des espaces fibrés.

LEMME 1. Soient B compact, F localement compact, i_b l'injection de $F_b = b \times F$ dans $B \times F$. Alors

a) i_b^* est un homomorphisme de $H(B \times F, M)$ sur $H(F_b, M)$

b) Si B est de plus connexe, le noyau de i_b^* est indépendant de b.

a) Soit r_b la rétraction de $B \times F$ sur F_b, définie par $r_b(c \times f) = b \times f$, $(c \in B)$; $r_b \circ i_b$ est l'identité, il en est de même de $i_b^* \circ r_b^*$, et ainsi i_b^* est surjectif.

b) Soit f_{cb} l'homéomorphisme de F_b sur F_c donné par $b \times f \longrightarrow c \times f$, évidemment $r_b = f_{cb} \circ r_c$, $r_b^* = r_c^* \circ f_{bc}^*$ et f_{bc}^* est un isomorphisme. Soit $h \in H(B \times F, M)$, il suffit, B étant connexe, de montrer que l'ensemble des b tels que $i_b^*(h) = 0$ et celui des b pour lesquels $i_b^*(h) \neq 0$ sont tous deux ouverts. Soit tout d'abord $i_b^*(h) = 0$, et montrons que h a un cocycle dont la section par F_b est nulle; en effet si K est une A-couverture fine de $B \times F$, on peut envisager i_b^* comme l'homomorphisme déduit de la section $K \otimes M \rightarrow F_b K \otimes M$ (exposé VII, No.2, remarque 4). Si k est un cocycle de h, $F_b k$ est un cobord, donc il existe $k' \in K \otimes M$ tel que $F_b(k-dk') = 0$, $k-dk'$ est le cocycle cherché; $S(k-dk')$ étant compact, on peut le séparer de F_b, d'où l'on déduit l'existence d'un voisinage V_b de b tel que $F_c(k-dk') = 0$ si $c \in V_b$, donc $i_c^*(h) = 0$ pour $c \in V_b$. On a bien un ouvert. Soit maintenant $i_b^*(h) = h' \neq 0$. On peut écrire

$$i_b^*(h) = h' = i_b^* \circ r_b^*(h') \quad , \quad i_b^*(h - r_b^* h') = 0$$

Comme nous venons de le voir, il existe V_b tel que $i_c^*(h - r_b^* h') = 0$ si $c \in V_b$, donc

$$i_c^*(h) = i_c^* \circ r_b^*(h') = i_c^* \circ r_c^* \circ f_{bc}^*(h') = f_{bc}^*(h') \neq 0 \text{ si } h' \neq 0.$$

<u>Remarque.</u> Soit h_b l'homéomorphisme $f \longrightarrow b \times f$ de F sur F_b. La démonstration montre que $h_b^* \circ i_b^* : H(B \times F, M) \longrightarrow H(F, M)$ est indépendant de b. C'est un cas particulier d'un théorème sur les applications homotopes. (cf. [2], Nos. 67-68).

THEOREME 1. <u>Soit</u> (E,B,F,p) <u>une fibration où</u> E <u>est localement compact, connexe. Si</u> B <u>est localement connexe, le terme</u> E_2 <u>de l'algèbre spectrale</u> (E_r) <u>de</u> p <u>est isomorphe à l'algèbre de cohomologie</u> H(B o <u>H(F,M)</u>) <u>de</u> B <u>par rapport à un faisceau localement constant, localement isomorphe à</u> H(F,M).

Nous savons (Exp. VII, Théor. 1) que $E_2 = H(L \circ H(\underline{F}))$ où L est une couverture fine de B et où $H(\underline{F})$ est un faisceau dont la fibre en b est égale à $H(F_b, M)$. Le fait que ce faisceau est localement constant résulte du 2ème alinéa qui suit l'énoncé du Théor.1 de l'Exp. VII et du lemme 1 ci-dessus.

<u>Notations.</u> On désignera par $\underline{H(F,M)}^c$ le plus grand sous-faisceau constant de <u>H(F,M)</u> (cf. l'Exp. V, No.6). Il s'identifie donc à un sous-module de H(F,M), qui sera noté $H(F,M)^c$. Enfin, on écrira $H(F_b,M)^c$ pour $(\underline{H(F,M)}^c)_b$, c'est un sous-module de $H(F_b,M)$, isomorphe à $\underline{H(F,M)}^c$.

Remarque. Si B est globalement et localement connexe par arcs, la notion de faisceau localement constant se ramène à celle des coefficients locaux au sens de Steenrod, comme nous l'avons déjà relevé. Ce système est comme on sait, déterminé par H(F,M) et par un homomorphisme du groupe fondamental $\pi_1(B)$ de B dans le groupe des automorphismes de H(F,M).

Le cas le plus intéressant est celui où dans E_1 on a un faisceau constant, et où par suite $E_2 = H(B,H(F,M))$ est l'algèbre de cohomologie de B à coefficients ordinaires H(F,M). Pour les coefficients locaux, cela se produit si $\pi_1(B)$ agit trivialement sur H(F,M), donc en tout cas si B est simplement connexe. Si de plus M = A est égal à $\mathbb{Z}$ ou à un corps on peut appliquer la règle de Künneth, et on a notamment $E_2 = H(B,A) \otimes H(F,A)$ si A est un corps, ou (pour $A = \mathbb{Z}$) si $H(B,\mathbb{Z})$ ou H(F,Z) est sans torsion.

Signalons en passant que l'on a dans E_2 des coefficients ordinaires sous l'hypothèse suivante : la fibre est un groupe topologique compact connexe qui opère sur E, de façon simplement transitive sur chaque fibre (E est un espace fibré principal de groupe G), ou plus généralement, l'espace fibré (E/U,B,G/U,p) est le quotient d'un espace fibré principal (E,B,G,p) à fibre compacte connexe par un sous-groupe fermé U de G. Pour ce théorème il suffit de supposer E localement connexe, il n'y a aucune hypothèse de trivialité locale à faire.

3. L'homomorphisme i^* : $H(E,M) \longrightarrow H(F,M)$.

Nous mettrons ici i^* en relations avec les éléments de degré filtrant 0 de l'algèbre spectrale. Soient (E,B,F,p) une fibration d'espace total connexe, à base localement connexe, $F_b = p^{-1}(b)$, i_b l'injection de F_b dans E. Nous reprenons les notations du No.2 :

$$S = p^{-1}(L) \circ K \otimes M \cong p(p^{-1}(L) \circ K \otimes M) \cong L \circ p(K \otimes M)$$

et soit $S' = F_b S$, donc

$$S' = b.p(p^{-1}(L) \circ K \otimes M) = bL \otimes b.p(K \otimes M) = bL \otimes F_b K \otimes M.$$

On a $H(S') = H(F_b K \otimes M) = H(F_b,M)$ (exposé I, théorème 6), et l'homomorphisme de $H(S) \cong H(E,M)$ dans $H(F_b,M)$ ainsi obtenu est i_b^* (exposé VII, No.2, remarque 4).

Filtrons S' par les modules S'^p :

$$S'^p = \sum_{i \geq p} bL^i \otimes F_b K \otimes M.$$

On a $F_b(S^p) \subset S'^p$ et la section est un homomorphisme des algèbres spectrales (E_r) et (E'_r) de S et S'. (E'_r) se calcule facilement. Vu le théorème 4 de l'exposé VI on aura

(2) $E'_1 = bL \otimes H(F_bK \otimes M)$ $\qquad E'^{p,q}_1 = bL^p \otimes H^q(F_b,M)$

(3) $E'_2 = H(F_bK \otimes M)$ ou encore $E'^{p,q}_2 = H^q(F_b,M)$, $E'^{p,q}_2 = 0$ $(p > 0)$.

Puisque bL est sans torsion et a une cohomologie triviale; la différentielle d'_r qui augmente p de r est donc nulle si $r \geqslant 2$, donc $E'_2 = E'_\infty = G(H(F_b,M))$ est formé uniquement d'éléments de degré filtrant 0; cela signifie que dans la filtration de $H(F_b,M)$ par les modules J'^p, induite par les S'^p, on a $J'^1 = 0$ et $H(F_b,M)$ est égal à $G(H(F_b,M))$. Ainsi $i^*_b(J^1) \subset J'^1$ est nul.

THEOREME 2. <u>Soit</u> (E,B,F,p) <u>une fibration d'espace total localement compact, connexe de base</u> B <u>localement connexe et compacte, et posons</u> $F_b = p^{-1}(b)$. <u>Dans l'algèbre spectrale</u> (E_r) <u>de</u> p, $E_2^{o,q}$ <u>est isomorphe au plus grand sous-faisceau constant</u> $\underline{H^q(F,M)}^c$ <u>de</u> $\underline{H^q(F,M)}$; <u>par cet isomorphisme</u> $E_\infty^{o,q}$, <u>qui est un sous-module de</u> $E_2^{o,q}$, <u>correspond à l'image de</u> i^*_b : $H^q(E,M) \longrightarrow H^q(F_b,M)$.
<u>Le noyau de</u> i^*_b <u>est</u> J^1; <u>il est indépendant de</u> b; i^*_b <u>est nul si</u> B <u>n'est pas compact.</u>

Nous reprenons les notations précédentes. La section $bE_1 = b(L \circ \underline{H(F,M)}) = bL \otimes H(F_b,M)$ est isomorphe à E'_1, il résulte immédiatement des définitions que cet homomorphisme est induit par la section $F_b : S \rightarrow S'$; elle applique donc E_1 sur E'_1 , et si B est compact, $E_2^{o,q} = H^p(L \circ \underline{H^q(F,M)})$ sur $\underline{H^q(F,M)}^c$ vu le No.6 de l'Exp. V.

Les éléments de $E_r^{o,q}$ ne peuvent être des cobords $(r \geqslant 2)$ puisque d_r augmente p de r, donc $E_{r+1}^{o,q}$ est un sous-module de $E_r^{o,q}$, celui de ses cocycles; si $r > q+1$, d_r est nul sur $E_r^{o,q}$ puisque d_r diminue q de r-1. $E_{q+2}^{o,q} = E_\infty^{o,q}$ est un sous-module de $E_2^{o,q}$, formé des éléments qui sont des cocycles pour toutes les différentielles d_r. C'est aussi l'ensemble des éléments de $E_2^{o,q}$ qui ont un représentant dans $C_{q+2}^{o,q} \subset C_2^{o,q}$, donc un représentant qui est un cocycle.

Nous identifions $E_2^{o,q}$ et $H^q(F_b,M)^c$ par l'isomorphisme section, et voulons montrer que $i^*_b(H^q(E,M)) = E_\infty^{o,q}$. Soit $k \in E_\infty^{o,q}$, et c un cocycle de $C^{o,q}$ qui se projette sur lui, alors $F_b(c) = k$ (avec les identifications faites), donc $k = i^*_b(h)$, h étant la classe de cohomologie de c, d'où $E_{\infty}^{o,q} \subset i^*(H^q(E,M))$; soit maintenant $h \in H(E,M)$, et $k = i_b^*(h)$. Si $k \neq 0$, h est de filtration nulle, puisque comme nous l'avons vu plus haut $i_b^*(J^1) = 0$. Si c est un cocycle de h il doit alors être de filtration nulle, donc $c \in C_2^{o,q}$ admet une image dans $E_2^{o,q}$, la classe de cohomologie de $F_b c$, qui est k par définition, d'où $i_b^*(H^q(E,M)) \subset E_{\infty}^{o,q}$; en particulier, l'image de i_b^* est toujours contenue dans $H^q(F_b,M)^c$, ce qui naturellement peut se voir directement.

On sait déjà que $i_b^*(J^1) = 0$, il nous reste à voir que le noyau de i_b^* est contenu dans J^1. Supposons que ce ne soit pas le cas et soit h tel que $h \notin J^1$, $i_b^*(h) = 0$. Un cocycle c de h est alors de filtration nulle et le raisonnement fait ci-dessus montre que la classe de cohomologie k de $F_b c$ est nulle, l'image de h dans $E_{\infty}^{o,q} = J^{o,q}/J^{1,q-1}$ est nulle, d'où $h \in J^{1,q-1}$ en contradiction avec notre supposition.

Si B n'est pas compact, $E_2^{o,q} = H^o(L \circ \underline{H^q(F,M)})$ est nul (exp. V No.6); d'autre part dans $(E_r^!)$ on a $E'^{p,q}_2 = 0$ si $p > 0$, $r \geqslant 2$, d'après (3). L'image $F_b E_2$ de E_2 par la section est donc nulle par conséquent $F_b E_r = 0$ $(r \geqslant 2)$, $F_b G(H(E,M)) = 0$ et finalement $i_b^*(H(E,M)) = 0$.

4. Représentations d'espaces fibrés.

Soient (E', B', F', p') et (E,B,F,p) deux espaces fibrés. Conformément à la définition de représentations d'applications continues (exposé VII, No.6), une représentation de (E', B', F', p') dans (E,B,F,p) est la donnée de deux applications continues $g : E' \to E$ et $h : B' \to B$ vérifiant le diagramme commutatif :

$$(4) \qquad \begin{array}{ccc} E' & \xrightarrow{g} & E \\ p' \downarrow & & \downarrow p \\ B' & \xrightarrow{h} & B \end{array}$$

On peut dire aussi qu'une représentation est définie par une application $g : E' \to E$ qui applique chaque fibre de E' dans une fibre de E. A g est associé un homomorphisme g* des algèbres spectrales (E_r) et $(E_r^!)$ de p et p'; remarquons que si E', F',E,F sont compacts connexes, le théorème 4 de l'exposé VII s'applique; nous voulons ici étudier l'effet de g* sur les éléments de degré filtrant 0; on suppose g propre, B,B' compacts connexes.

Soient K', L', K, L des A-couvertures fines de E', B', E, B,

$$S = p^{-1}(L) \circ K \otimes M$$

$$S' = p'^{-1}(h^{-1}(L) \circ L') \circ g^{-1}(K) \circ K' \otimes M$$

Soit encore b' un point de B', $b = h(b)$, $g_{b'}$ la restriction de g à F'_b . On a

$$F_bS = bL \otimes F_bK \otimes M$$

$$F'_bS' = bL \otimes b'L' \otimes (F'_b(g^{-1}K) \circ F'_bK') \otimes M$$

nous noterons $\bar{g}$ l'homomorphisme de S dans S' qui définit g^* : $(E_r) \longrightarrow (E'_r)$ (exposé VII, no.6).

On voit facilement que $F'_b(g^{-1}K) \cong g_b^{-1}(F_bK)$. Considérons le diagramme commutatif

$$(5) \qquad \begin{array}{ccc} F_bS & \xleftarrow{\quad 1 \quad} & F_bK \otimes M \\ \bar{g} \downarrow & & \downarrow 3 \\ F'_bS' & \xleftarrow{\quad 2 \quad} & g^{-1}(F_bK) \circ K' \otimes M \end{array}$$

1 et 2 sont les homomorphismes utilisant les éléments neutres de bL et bL', ce sont des isomorphismes pour la cohomologie (exposé I, théorème 6), 3 est le composé de la section $F_bK \otimes M \rightarrow g_{b'}(F'_{b'}).K \otimes M$ de $F_bK \otimes M$ par $g(F'_{b'})$ et de l'homomorphisme qui définit $g^*_{b'}$: $H(g(F'_{b'}),M) \longrightarrow H(F'_{b'},M)$. Si l'on veut c'est le transposé de $i_b \circ g'_{b'}$, où i_b est l'injection de $g_{b'}(F'_{b'})$ dans F_b, c'est donc plus simplement $g^*_{b'}$: $H(F_b,M) \longrightarrow H(F'_b,M)$. On a alors le diagramme commutatif

$$(6) \qquad \begin{array}{ccc} H(F_bS) & \xleftrightarrow{\quad 1 \quad} & H(F_b,M) \\ \bar{g} \downarrow & & \downarrow g^*_{b'} \\ H(F'_b,S') & \xleftrightarrow{\quad 2 \quad} & H(F'_{b'},M) \end{array}$$

Soient (G_r) et (G'_r) les algèbres spectrales de F_bS et F'_bS' (filtrées par le degré en bL, resp. le degré total en $bL \otimes b'L'$, comme dans le numéro 3). On a évidemment le diagramme commutatif

$$(7)\qquad \begin{array}{ccc} E_2^{o,q} & \xrightarrow{\quad 4 \quad} & G_2^{o,q} \\ g^* \downarrow & & \downarrow g^* \\ E'^{o,q}_2 & \xrightarrow{\quad 5 \quad} & G'^{o,q}_2 \end{array}$$

où 4 et 5 désignent les homomorphismes définis par les sections étudiés au No.3. Or on a vu dans ce No. que $G_2^{o,q}$ s'identifie à $H^q(F_b S) = H^q(F_b,M)$, $G'^{o,q}_2$ à $H^q(F'_{b'},M)$, que 4 (resp. 5), est un isomorphisme de $E_2^{o,q}$ sur $H^q(F_b,M)^c$ (resp. $E'^{o,q}_2$ sur $H^q(F'_{b'},M)^c$), d'où finalement le théorème :

THEOREME 3. <u>Soit</u> (g,h) <u>une représentation de</u> (E',B',F',p') <u>dans</u> (E,B,F,p). <u>On suppose</u> g <u>propre</u>, B',B <u>compacts connexes. Si l'on identifie</u> $E_2^{o,q}$ <u>et</u> $E'^{o,q}_2$ <u>à</u> $H^q(F_b,M)^c$ <u>et</u> $H^q(F'_{b'},M)^c$ <u>par les isomorphismes du théorème 2, alors</u> $g^* : E_2^{o,q} \longrightarrow E'^{o,q}_2$ <u>se transporte en l'homomorphisme</u> g^*_b, <u>induit par la restriction de</u> g <u>à la fibre</u> $F'_{b'}$.

Dans cet énoncé est implicitement contenu le fait que l'image de $H^q(F_b,M)$ par $g^*_{b'}$ est toujours contenue dans $H^q(F'_{b'},M)^c$. On voit aussi que $g^*_{b'}$ est, à des isomorphismes naturels près, indépendant de b'. On peut donc parler d'un homomorphisme g* de $H(F,M)^c$ dans $H(F',M)^c$.

THEOREME 4. <u>Soit</u> (g,H) <u>une représentation de</u> (E',B',F',p') <u>dans</u> (E,B,F,p). <u>On suppose</u> E',E,F',F <u>compacts connexes, et que dans les algèbres spectrales de</u> p' <u>et</u> p <u>écrites pour les coefficients A l'on ait</u> $E'_2 = H(B,A) \otimes H(F',A)$, $E_2 = H(B,A) \otimes H(F,A)$.
<u>Alors l'homomorphisme</u> $g^* : E_2 \rightarrow E'_2$ <u>est le produit tensoriel des homomorphismes</u> $h^* : H(B,A) \longrightarrow H(B',A)$ <u>et</u> $g^* : H(F,A) \longrightarrow H(F',A)$.

En effet sous les hypothèses faites, on a $E_2^{p,q} = E_2^{p,o} \otimes E_2^{o,q}$, $E'^{p,q}_2 = E'^{p,o}_2 \otimes E'^{o,q}_2$; il suffit d'appliquer le théorème 3 ci-dessus et le théorème 4 de l'exposé VII. (Pour l'hypothèse faite sur E_2 et E'_2 cf. remarque au numéro 2).

5. Autres algèbres spectrales.

Nous avons reproduit ici les théorèmes d'existence d'algèbres spectrales de Leray, qui sont relatifs à la cohomologie d'Alexander-Spanier à supports compacts. Depuis, des algèbres spectrales ayant les mêmes propriétés formelles que celles étudiées ici ont été obtenues dans d'autres cohomologies et sous des hypothèses topologiques différentes. A titre d'orientation, nous en dirons quelques mots ici.

a) La théorie de l'algèbre spectrale d'une application continue quelconque a été généralisée par H. Cartan (Séminaire de l'E.N.S., Paris, 1950-51, exposés XIV à XXI). Elle vaut pour des espaces non nécessairement localement compacts, et pour la cohomologie d'Alexander-Spanier à supports quelconques.

b) J.P. Serre a établi l'existence d'une algèbre spectrale des espaces fibrés en homologie et cohomologie singulière. Les espaces considérés ne sont pas nécessairement localement compacts, et "espace fibré" est pris dans un sens plus général que celui que nous avons adopté ici. Les fibres notamment ne sont pas nécessairement homéomorphes, mais néanmoins leurs groupes d'homologie ou d'homotopie le sont. Serre a appliqué cette théorie à l'étude des espaces de lacets et des groupes d'homotopie des sphères (Thèse, Annals of Math. 54, 425-505 (1951)).

c) Ce qui précède concerne surtout le cas où la fibre est connexe. Pour celui des revêtements, où la fibre est un groupe discret, H. Cartan a aussi obtenu une algèbre spectrale (Comptes Rendus 226, 148-150, 303-305 (1948) et Sém. de l'E.N.S. 1950-51, exposés XI et XII); elle a comme terme $E_2 = H(F,H(E))$ l'algèbre de cohomologie de F à valeurs dans H(E), au sens des groupes discrets, et se termine par l'algèbre graduée associée à H(B) convenablement filtré. Cela vaut en cohomologie singulière ou d'Alexander-Spanier.

d) En cohomologie réelle, pour la fibration d'un groupe de Lie compact connexe par un sous-groupe fermé connexe, il y a une algèbre spectrale qui peut être définie algébriquement à partir des algèbres de Lie du groupe et du sous-groupe (J. L. Koszul, Bull. Soc. Math. France 78, 65-127, (1950)).

Enfin signalons que si la base de l'espace fibré (localement trivial) est un polyèdre, on peut démontrer l'existence d'une suite spectrale dans toute théorie de l'homologie (S. Eilenberg, Sém. de l'E.N.S. Paris 1950-51, exposé IX).

Exposé IX : APPLICATIONS AUX ESPACES FIBRES

Cet exposé est consacré à quelques applications simples de l'algèbre spectrale des espaces fibrés, empruntées en grande partie à [3] J. Leray, Journ. Math. pur. appl. 29, 169-213 (1950).
Dans cet exposé nous considérons exclusivement des espaces fibrés localement compacts, connexes, à fibres connexes, à bases localement connexes. Espace fibré est pris au sens de la définition de l'exposé VIII, c'est donc un espace fibré "localement trivial" (i.e. tout point de la base a un voisinage au-dessus duquel la fibration est un produit topologique).

Notation. Pour des raisons typographiques, on désignera par E_*, resp. $E_*^{p,q}$ l'algèbre terminale de l'algèbre spectrale (E_r), resp. les modules qui définissent sa bigraduation.

1. Rappel de résultats.

THEOREME 1. Soient (E,B,F,p) une fibration, M une A-algèbre. Alors il existe une algèbre spectrale (E_r) sur A, qui se termine par l'algèbre graduée associée à H(E,M) convenanblement filtrée, et dans laquelle $E_2 = H(B \circ H(F,M))$ est l'algèbre de cohomologie de B par rapport à un faisceau localement constant, localement isomorphe à H(F,M).

Ce théorème a été démontré dans les exposés VII et VIII. Nous résumons maintenant les principales propriétés de (E_r) obtenues dans ces exposés.

a) E_r est une algèbre différentielle sur A, bigraduée par des sous-modules $E_r^{p,q}$; en particulier $E_2^{p,q} = H^p(B \circ H^q(F,M))$. On dira que p est le degré base, q le degré fibre, p+q le degré total, ces degrés seront notés resp. DB,DF,D; E_{r+1} est l'algèbre de cohomologie de E_r pour une différentielle d_r qui augmente DB de r, diminue DF de r-1, augmente D de 1; E_r est une algèbre différentielle canonique pour le degré total; elle est (pour $r \geqslant 2$), anticommutative par rapport au degré total si M est commutative.

b) Nous notons J^p les modules (qui sont ici du reste des idéaux), qui définissent la filtration de H(E,M) et posons $J^{p,q} = J^p \cap H^{p+q}(E,M)$. On a $J^p \subset J^{p+1}$, et J^p est somme directe des modules $J^{p,q}$; la filtration est "comprise entre 0 et le degré", c'est-à-dire que $J^0 = H(E,M)$, $J^{p,q} = 0$ si $q < 0$. Dans E_* on a

$$E_*^{p,q} = J^{p,q}/J^{p+1,q-1} \qquad \text{et} \qquad {}^nE_* = E_*^{o,n} + E_*^{1,n-1} + \dots + E_*^{n,o}$$

${}^nE_*$ est donc la somme directe des quotients successifs de la suite normale

$$H^n(E,M) = J^{o,n} \supset J^{1,n-1} \supset \dots \supset J^{n,o} \supset J^{n+1,-1} = 0$$

Si M = A est un corps, ${}^nE_*$ est isomorphe à $H^n(E,M)$, mais cet isomorphisme n'est pas en général intrinsèque; néanmoins l'inclusion $J^{n,o} \subset H^n(E,M)$ est un isomorphisme naturel de $E_*^{n,o}$ dans $H^n(E,M)$, (pour des coefficients quelconques).

c) <u>L'homomorphisme p^*</u> : $H(B,M) \longrightarrow H(E,M)$.- Il ne peut être non nul que si F est compact. Dans ce cas on a $E_2^{p,o} = H^p(B \circ H^o(F,M)) = H^p(B,M)$. D'autre part ces éléments de $E_r^{p,o}$ sont tous des d_r-cocycles, si $r \geqslant 2$ car d_r diminue DF de r-1, et $E_{r+1}^{p,o}$ est un quotient de $E_r^{p,o}$; on a une suite d'homomorphismes sur

$$H^p(B,M) = E_2^{p,o} \longrightarrow E_3^{p,o} \longrightarrow \dots \longrightarrow E_{p+1}^{p,o} = E_*^{p,o} = J^{p,o} \subset H^p(E,M)$$

et l'homomorphisme $H^p(B,M) \longrightarrow H^p(E,M)$ résultant est p^*.

d) <u>L'homomorphisme i^*</u> : $H(E,M) \longrightarrow H(F,M)$.- Il ne peut être non nul que si B est compacte. Dans ce cas $E_2^{o,q} = \underline{H^q(F,M)}^c$, (plus grand sous-faisceau constant contenu dans $\underline{H(F,M)}$). D'autre part les éléments de $E_r^{o,q}$ ne peuvent être des cobords ($r \geqslant 2$) pour d_r qui augmente DB de r: $E_{r+1}^{o,q}$ est donc un sous-module de $E_r^{o,q}$, l'ensemble de ses d_r-cocycles. On a la suite d'inclusions

$$H^q(F,M)^c = E_2^{o,q} \supset E_3^{o,q} \supset \dots \supset E_{q+2}^{o,q} = E_*^{o,q} .$$

La première égalité est donnée par un isomorphisme qui applique $i^*(H^q(E,M))$ sur $E_*^{o,q}$; l'image de i^* est donc l'ensemble des éléments de $E_2^{o,q}$ qui sont des cocycles pour toutes les différentielles. On a aussi vu que le noyau de i^* est l'idéal J^1.

e) <u>Remarques sur</u> E_2.- Si la base est globalement et localement connexe par arcs, la notion de faisceau localement constant se ramène à celle de système local au sens de Steenrod. On a des coefficients ordinaires H(F,M) dans E_2 si le groupe fondamental de B agit trivialement sur H(F,M), donc en particulier si B est simplement connexe ou encore si la fibration admet un groupe structural connexe.

Si l'on a dans E_2 des coefficients ordinaires, c'est-à-dire si le faisceau $\underline{H(F,M)}$ est constant, on peut appliquer la règle de Künneth pour calculer E_2. Par exemple si M = A = K est un corps, on a $E_2 = H(B,K) \otimes H(F,K) = H(B \times F,K)$; si M = A = Z, $H(B,Z) \otimes H(F,Z)$ est contenu dans E_2; le quotient $E_2/H(B,Z) \otimes H(F,Z)$ est le produit de torsion Tor(H(B,Z),H(F,Z)) de Cartan-Eilenberg; c'est une fonction bilinéaire des groupes de torsion de H(F,Z) et H(B,Z). Si l'un d'eux est nul on a $E_2 = H(B,Z) \otimes H(F,Z)$. Si les groupes $H^i(B,Z)$ et $H^j(F,Z)$ ont chacun un nombre fini de générateurs, il suffit pour calculer Tor(H(B,Z),H(F,Z)) de savoir que $Tor(Z_a,Z_b) = Z_{(a,b)}$, (a,b) = p.g.c.d. de a et b ; (voir sur cette question [2], No.18). Mentionnons encore qu'au point de vue de la bigraduation on a la suite exacte:

$$0 \longrightarrow H^p(B,Z) \otimes H^q(F,Z) \longrightarrow E_2^{p,q} \longrightarrow Tor(H^{p+1}(B,Z),H^q(F,Z)) \longrightarrow 0$$

2. Majorations des nombres de Betti; caractéristique d'Euler-Poincaré.

Notations: Nous dirons que H(X,A) est de type fini, si $H^i(X,A)$ a un nombre fini de générateurs pour i quelconque; si A est un corps, on notera alors $p_k(X)$ la dimension de $H^k(X,A)$.

THEOREME 2. On suppose que le faisceau H(F,M) est constant sur B, que les modules H(B,A) et H(F,A) sont de type fini.
Alors H(E,A) est de type fini et si de plus A est un corps, on a

$$p_n(E) \leq \sum_{a+b=n} p_a(B)\, p_b(F).$$

Soit tout d'abord A un corps. Alors $E_2^{p,q} = H^p(B,A) \otimes H^q(F,A)$ et $\dim E_2^{a,b} = p^a(B)\, p^b(F)$. Comme $E_{r+1}^{a,b}$ est un quotient d'un sous-espace de $E_r^{a,b}$, on a évidemment $\dim E_{r+1}^{a,b} \leq \dim E_r^{a,b}$, d'où $\dim E_*^{a,b} \leq p_a(B)p_b(F)$ et $p_n(E) = \dim {}^nE_* = \dim E_*^{o,n} + \dots + \dim E_*^{n,o} \leq p_n(B \times F)$.

Si A = Z, $E_2 / H(B,Z) \otimes H(F,Z) = Tor(H(B,Z),H(F,Z))$, et d'après ce que nous avons rappelé au No.1 e), $E_2^{a,b}$ a un nombre fini de générateurs. Il en est alors de même pour $E_r^{a,b}$ et $E_*^{a,b}$ puisque $E_{r+1}^{a,b}$ est quotient d'un sous-groupe de $E_r^{a,b}$ et que $E_*^{a,b} = E_{a+b+2}^{a,b}$. Ainsi ${}^nE_*$ a un nombre fini de générateurs; c'est la somme des quotients successifs d'une suite normale de sous-groupes de $H^n(E,M)$ qui a par conséquent aussi un nombre fini de générateurs.

Remarque. On démontre aussi facilement que si deux des modules H(E,A), H(B,A), H(F,A) sont de type fini, le troisième l'est aussi.

THEOREME 3. Soit K un corps. On suppose que le faisceau H(F,K) est constant sur B, que H(F,K) et H(B,K) sont de dimensions finies.
Alors $\chi(E) = \chi(B) \cdot \chi(F)$

Nous notons $\chi(E_r)$ la caractéristique d'Euler-Poincaré de E_r, $P(r,t)$ son polynôme de Poincaré, $C(r,t)$ le polynôme de Poincaré de l'espace de ses d_r-cocycles (tout cela pris par rapport au degré total). On a évidemment, puisque d_r augmente D de 1

$$P(r+1,t) = C(r,t) - t(P(r,t) - C(r,t)) = (1+t)C(r,t) - tP(r,t)$$

donc $\chi(E_{r+1}) = P(r+1,-1) = P(r,-1) = \chi(E_r)$

d'où $\chi(E) = \chi(E_*) = \chi(E_2) = \chi(B) \cdot \chi(F)$

puisque sous les hypothèses faites on a $E_2 = H(B,K) \otimes H(F,K)$.

3. Fibre totalement non homologue à zéro.

Notations. On dit que l'algèbre spectrale est triviale si $d_r = 0$ pour tout $r \geq 2$. On a dans ce cas $E_2 = E_3 = \ldots\ldots\ldots = E_*$.

On dit que F est totalement non homologue à zéro dans E, relativement à M, si $i^* : H(E,M) \longrightarrow H(F,M)$ est surjectif.

$H^+(X,M)$ désigne l'ensemble des éléments de degrés > 0 de de $H(X,M)$.

THEOREME 4. Soit (E,B,F,p) un espace fibré compact. Pour que F soit totalement non homologue à zéro dans E, relativement à un corps K, il faut et il suffit que l'algèbre spectrale (E_e) sur K de la fibration soit triviale et que le faisceau $H(F,K)$ soit constant sur B.

Si $H(F,K) = H(F,K)^c$, alors $E_2 = H(B,K) \otimes H(F,K)$;

$$E_2^{o,q} = 1 \otimes H^q(F,K).$$

Si l'algèbre spectrale est triviale, alors i^* est sur d'après No. 1 d). Réciproquement, supposons que i^* soit surjectif, alors $H(F,K) = H(F,K)^c$ (cf No. 1 d)) et

$$E_2 = H(B,K) \otimes H(F,K) \; ; \; E_2^{p,q} = E_2^{p,o} \otimes E_2^{o,q}$$

(la deuxième égalité provient de ce que, F et B étant compacts, $H(F,K)$ et $H(B,K)$ ont des éléments neutres 1, et l'on peut écrire $H^p(B,K) \otimes H^q(F,K) = (H^p(B,K) \otimes 1) \cdot (1 \otimes H^q(F,K))$). d_r est naturellement nulle sur $E_2^{p,o}$, elle l'est aussi sur $E_2^{o,q}$ d'après l'hypothèse et le No. 1d); elle l'est donc sur $E_2^{p,q}$ et sur E_2; on verra de même par récurrence que $d_r = 0$ pour tout $r \geq 2$.

THEOREME 5. Si F est totalement non homologue à zéro relativement à K dans l'espace fibré compact (E,B,F,p), alors H(E,K) est additivement isomorphe à H(B x F,K). L'homomorphisme p* applique H(B,K) biunivoquement dans H(E,K). Le noyau de i* est l'idéal engendré par p* $(H^+(B,K))$.

On sait déjà que $E_2 = E_*$, donc $\dim H^n(E,K) = \dim {}^nE_* = \dim {}^nE_2 = \dim H^n(B \times F,K)$, et p* est biunivoque, vu le No 1 c). Il reste à voir que le noyau de i* est l'ideal de $p^*(H^+(B,K))$. Nous avons rappelé au No. 1 d) que ce noyau est J^1; comme $p^*(H^k(B,K)) = J^{k,o}$ et que $J^a\, J^b \subset J^{a+b}$, il est clair que l'idéal de $p^*(H^+(B,K))$ est contenu dans J^1. Pour obtenir l'inclusion contraire, il suffit de montrer que $J^{p,n-p}$ est contenu dans l'idéal de $p^*(H^+(B,K))$, pour p et n positifs quelconques; n étant fixé, on procédera pour cela par récurrence descendante sur $p > 0$, en tenant compte de $J^{n+1,-1} = 0$ et du fait que $G(H(E,K)) = E_* = E_2 = H(B,K) \otimes H(F,K)$, ce qui ne présente aucune difficulté.

THEOREME 6. On suppose que pour l'espace fibré compact (E,B,F,p), le faisceau H(F,K) est constant sur B, l'algèbre $H^+(F,K)$ est engendrée par ses éléments de degré positif pair minimum.
Si K est de caractéristique 0, F est totalement non homologue à zéro dans E relativement à K.

Il nous suffit de montrer que (E_r) est triviale; soit s le degré minimum de $H^+(F,K)$, est supposons avoir déjà établi que $d_2 = \ldots\ldots = d_{r-1} = 0$, donc $E_r = E_2$; alors pour montrer que $d_r = 0$, il suffit de faire voir que $d_r(E_r^{o,s}) = 0$; en effet c'est le cas, d_r qui est une différentielle, est aussi nulle sur $E_r^{o,n} = 1 \otimes H^n(F,K)$ qui est engendré par $E_r^{o,s}$; d'autre part d_r est nulle sur $E_r^{p,o}$, donc d_r est nulle sur $E_r^{p,q} = E_r^{p,o} \otimes E_r^{o,q}$ et finalement sur E_r.
Pour $2 \leq r \leq s$, il est clair que $d_r(E_r^{o,s}) = 0$, car il n'y a pas de DF intermédiaire entre 0 et s, donc $d_r = 0$ pour $r \leq s$ et $E_{s+1} = E_2$. Soit $x \in E_{s+1}^{o,s}$, alors $d_{s+1}x = y \in E_{s+1}^{s+1,o}$ et $y.x = y \otimes x \in E_{s+1}^{s+1,s}$. E_{s+1} est canonique et anti-commutative pour le degré total, donc x est dans son centre et de plus $d_{s+1}x^m = md_{s+1}x \cdot x^{m-1} = my \otimes x^{m-1}$. Mais x est nilpotent (exposé III, théorème 2), il existe donc m tel que $x^{m-1} \neq 0$, $x^m = 0$ et alors $my \otimes x^{m-1} = dx^m = 0$; d'où $y = 0$ puisque K est de caractéristique nulle; ainsi $d_{s+1}(E_{s+1}^{o,s}) = 0$, $d_{s+1} = 0$ et $E_{s+1} = E_{s+2}$. Pour $r > s+1$, d_r qui diminue DF de

r-1, est nulle sur $E_r^{o,s}$, d'où par récurrence $d_r = 0$ pour tout $r \geqslant 2$.

Remarques. 1) La conclusion du théorème 6 subsiste si $H(F,K) = H(F_1,K) \otimes \ldots\ldots \otimes H(F_m,K)$, où $H^+(F_i,K)$ est engendré par ses éléments de degré pair minimum ($i = 1,\ldots,m$). Démonstration analogue.

2) On a des propositions analogues aux théorèmes 4 et 5 pour les coefficients entiers si $H(B,Z)$ ou $H(F,Z)$ est sans torsion. Le théorème 6 et sa généralisation 1) valent aussi pour les coefficients entiers si $H(F,Z)$ est sans torsion. Les démonstrations sont les mêmes.

4. Cocycles maxima et minima; fibrations de l'espace euclidien.

LEMME. On suppose que dans la fibration (E,B,F,p) le faisceau $H(F,K)$ est constant.

a) Si $H^i(B,K) = H^j(F,K) = 0$ pour $i > u$, $j > v$, $E_2^{u,v} = H^u(B,K) \otimes H^v(F,K)$ est appliqué isomorphiquement sur $E_*^{u,v}$.

b) Si $H^i(B,K) = H^j(F,K) = 0$ pour $i < s$, $j < t$, $E_2^{s,t} = H^s(B,K) \otimes H^t(F,K)$ est appliqué isomorphiquement sur $E_*^{s,t}$.

a) Pour $p > u$ ou $q > v$ on a $E_2^{p,q} = 0$ donc aussi $E_r^{p,q} = 0$ $(r \geqslant 2)$, par conséquent d_r , qui augmente DB de r, est nul sur $E_r^{u,v}$ et comme d_r diminue DF de r-1, $E_r^{u,v}$ ne contient aucun cobord $(r \geqslant 2)$ d'où
$E_2^{u,v} = E_3^{u,v} = \ldots\ldots = E_{u+v+2}^{u,v} = E_*^{u,v}$.

b) Pour $p < s$ ou $q < t$ on a $E_2^{p,q} = 0$, donc $E_2^{p,q} = 0$ $(r \geqslant 2)$. Par conséquent d_r, qui diminue DF, est nul sur $E_r^{s,t}$; d'autre part $E_r^{s,t}$ ne contient pas de d_r-cobord car un tel élément devrait provenir de $E_r^{s-r,t+r-1}$, d'où $E_2^{s,t} = E_3^{s,t} = \ldots\ldots = E_*^{s,t}$.

COROLLAIRE. Si toutes les hypothèses du théorème 7 sont réalisées et si de plus le polynôme de Poincaré de $H(E,K)$ est t^n , alors ceux de $H(B,K)$ et $H(F,K)$ sont respectivement t^a et t^b $(a+b=n)$,

En effet sous les hypothèses faites, E_* est aussi de dimension 1. Il y a un seul couple (a,b), tel que $E_*^{a,b} \neq 0$, et alors $a+b=n$, $E_*^{a,b} = K$.

Le lemme montre alors que $s = u = a$, $t = v = b$ et $H^a(B,K) = H^b(F,K) = K$.

THEOREME 7. Soit (R^n,B,F,p) une fibration de l'espace euclidien R^n à fibres connexes. Alors B et F ont pour la cohomologie d'Alexander-Spanier à supports compacts les mêmes polynômes de Poincaré que R^a et R^b $(a+b=n)$.

COROLLAIRE 1. Il n'y a pas de fibration (localement triviale) de R^n à fibre compacte connexe non réduite à un point.

COROLLAIRE 2. Il n'y a pas de fibration (localement triviale) de R^n à fibre connexe et à base compacte non réduite à un point.

On démontre facilement que $H^n(R^n,Z) = Z$, $H^i(R^n,Z) = 0$ $(i \neq n)$ pour la cohomologie à supports compacts. On peut en effet envisager cette dernière comme la cohomologie relative de la sphère S_n modulo un point P (exposé IV); la suite exacte de cohomologie relative donne $H^i(R^n,Z) = H^i(S_n,Z)$ pour $i > 0$, vu que $H^o(R^n,Z) = 0$, que $p^* : H^o(S_n,Z) \longrightarrow H^o(P,Z)$ est un isomorphisme sur et que $H^i(P,Z) = 0$ $(i \neq 0)$.

La fibration étant localement triviale, B et F seront localement connexes par arcs, donc aussi connexes par arcs, puisque ils sont connexes et la suite d'homotopie montre que B est simplement connexe, par conséquent le faisceau $H(F,K)$ est constant sur B.

F et B sont des espaces (séparables métriques) de dimensions finies $\leq n$; en effet, F est un sous-espace de R^n et B possède un système fondamental de voisinages qui s'identifient à des sous-espaces de R^n (par la trivialité locale de la fibration); par conséquent:

$H^i(B,K) = H^j(F,K) = 0$ pour $i > u = \dim B$, $j > v = \dim F$.

Ainsi toutes les hypothèses du corollaire au lemme 1 sont vérifiées, ce qui établit notre théorème et ses corollaires.

REMARQUE. On peut démontrer qu'il n'y a pas de fibration localement triviale de R^n à fibre compacte (connexe ou non) non réduite à un point. Une fois le corollaire 1 établi, on voit facilement qu'il suffit de démontrer cette impossibilité lorsque F est discrète; dans ce cas on peut envisager R^n comme le revêtement universel de B, donc la fibre comme un groupe fini opérant sans point fixe sur R^n. Si elle avait plus d'un point on en déduirait l'existence d'un groupe cyclique d'ordre premier opérant sans point fixe sur R^n, ce qui serait en contradiction avec un théorème de P.A. Smith.
Par contre l'hypothèse F connexe n'est évidemment pas superflue dans le corollaire 2, comme le montre l'exemple $R^n/Z^n = T^n$.

5. Espaces fibrés à fibres sphériques. Suite exacte de W. Gysin.

THEOREME 8. On suppose que pour l'espace fibré compact (E,B,F,p), le faisceau $H(F,A)$ est constant et que $H(F,A) = H(S_k,A)$, $(k > 0)$. Alors on a une suite exacte

$$\longrightarrow H^n(B,A) \xrightarrow{z^*} H^{n+k+1}(B,A) \xrightarrow{p^*} H^{n+k+1}(E,A) \xrightarrow{j^*} H^{n+1}(B,A) \longrightarrow$$

z^* est le cup-produit par un élément $z \in H^{k+1}(B,A)$ qui, si k est pair, vérifie $2z = 0$.

On a ici $E_2 = H(B,A) \otimes H(F,A)$, (même pour $A = Z$, car alors $H(F,Z)$ est sans torsion par hypothèse), et $E_2^{p,q} = E_r^{p,q} = 0$ pour $q \neq 0,k$, $r \geqslant 2$. Les seuls degrés fibres étant 0 et k, seule la différentielle d_{k+1} peut ne pas être nulle. Ainsi

$$E_2 = E_{k+1}, \quad E_{k+2} = H(E_{k+1}) = E_* = G(H(E,A)).$$

Nous désignons naturellement par 1 des générateurs de $H^o(B,A)$ et $H^o(F,A)$; soit encore h un générateur de $H^k(F,A)$. On peut écrire

$$E_{k+1} = H(B,A) \otimes 1 + H(B,A) \otimes h$$

$$E_{k+1}^{n,o} = H^n(B,A) \otimes 1 ; \quad E_{k+1}^{n-k,k} = H^{n-k}(B,A) \otimes h$$

Désignons par z l'élément de $H^{k+1}(B,A)$ tel que

$$d_{k+1}(1 \otimes h) = z \otimes 1 \in E_{k+1}^{k+1,o}$$

et par Ann. z, resp. $(\text{Ann. } z)^n$, l'annulateur de z dans $H(B,A)$, resp. dans $H^n(B,A)$. Les cocycles de E_{k+1} forment évidemment

$$H(B,A) \otimes 1 + \text{Ann. } z \otimes h$$

et les cobords sont $H(B,A).z \otimes 1$, d'où

$$E_* = H(B,A)/H(B,A).z + \text{Ann. } z \otimes h .$$

${}^nE_*$ ne contient que deux termes $E_*^{n,o}$ et $E_*^{n-k,k}$, donc dans la suite normale $H^n(E,A) = J^{o,n} \supset J^{n,o} \supset 0$, on a $J^{o,n} = J^{n-k,k}$ et $J^{n-k+1,k-1} = J^{n,o}$.

On peut écrire

$$H^n(B,A)/H^{n-k-1}(B,A) . z = E_*^{n,o} = J^{n,o} = p^*(H^n(B,A))$$

$$(\text{Ann. } z)^{n-k} \otimes h = E_*^{n-k,k} = J^{n-k,k}/J^{n-k+1,k-1} = J^{o,n}/J^{n,o} .$$

Soit f^* la projection de $H^n(E,A)$ sur $E_*^{n-k,k}$, g^* l'isomorphisme de $E_*^{n-k,k}$ dans $H^{n-k}(B,A)$ qui fait correspondre à $y \otimes h$ l'élément y; $j^* = g^* \circ f^*$ est alors un homomorphisme de $H^n(E,A)$ dans $H^{n-k}(B,A)$ dont le noyau est $J^{n,o} = p^*(H^n(B,A))$ et dont l'image est $(\text{Ann.}\ z)^{n-k}$. La suite de l'énoncé est alors exacte. En effet, dans $H^n(B,A)$, le noyau-image est $(\text{Ann.}\ z)^n$, dans $H^{n+k+1}(B,A)$ c'est $H^n(B,A) \cdot z$, dans $H^{n+k+1}(E,A)$, c'est $J^{n+k+1,o} = p^*(H^{n+k+1}(B,A))$.

On a naturellement $h.h = 0$, donc si k est pair

$$d_{s+1}(1 \otimes h.h) = 0 = 2z \otimes h , \quad \text{d'où } 2z = 0 ,$$

ce qui termine la démonstration du théorème 8.

Remarque. Si E n'est pas compact, on a aussi une suite exacte analogue à celle de l'énoncé du théorème 8, mais l'homomorphisme z^* doit être défini directement à partir de d_{s+1} et ne peut être interprété comme le cup-produit par une classe de cohomologie à support compact. En fait, c'est, comme on sait, le cup-produit par la classe caractéristique, qui n'est pas à support compact si B n'est pas compact (sauf si elle est nulle).

On a aussi une suite exacte si le faisceau H(F,K) n'est pas constant. Il faut remplacer dans le théorème 8 chaque terme $H^i(B,A)$ précédant z^* par $H^i(B \circ \underline{H^k(F,A)})$.

6. Espaces fibrés à bases sphériques. Suite exacte de H.C. Wang.

THEOREME 9. On suppose que dans la fibration (E,B,F,p) le faisceau H(F,A) est constant et que $H(B,A) = H(S_k,A)$ $(k > 0)$. Alors on a la suite exacte

$$\longrightarrow H^n(E,A) \xrightarrow{i^*} H^n(F,A) \xrightarrow{g^*} H^{n-k+1}(F,A) \xrightarrow{j^*} H^{n+1}(E,A) \longrightarrow$$

On a ici $E_2 = H(S_k,A) \otimes H(F,A)$, et $E_2^{p,q} = E_r^{p,q} = 0$ pour $p \neq 0,k$, $r \geqslant 2$. Seule d_k peut ne pas être nulle et

$$E_2 = E_k \ ; \quad E_{k+1} = E_* = G(H(E,A)) .$$

Soient 1 et h des générateurs de $H^o(S,A)$ et $H^k(S_k,A)$. On a

$$E_k = h \otimes H(F,A) + 1 \otimes H(F,A)$$

ou encore $E_k^{k,n-k} = h \otimes H^{n-k}(F,A)$, $E_k^{o,n} = 1 \otimes H^n(F,A)$.

Les éléments de $E_k^{k,n-k}$ sont tous des d_k-cocycles. Les éléments de $E_k^{o,n}$ qui sont des cocycles sont alors des cocycles pour tout r, ils forment donc $i^*(H^n(E,A))$ d'après le No. 1 d). Les cocycles de E_k sont donc

$$h \otimes H(F,A) \;+\; i^*(H(E,A)) \;.$$

Les cobords, qui ont un DB = k, sont tous contenus dans $h \otimes H(F,A)$, donc

$$E_* \;=\; h \otimes H(F,A)/d_k(E_k) \;+\; i^*(H(E,A)) \;.$$

${}^nE_*$ n'a que les termes $E_*^{k,n-k}$ et $E_*^{o,n}$, donc $J^{1,n-1} = J^{n-k,k}$ et $J^{n-k+1,k-1} = 0$; par conséquent $E_*^{n-k,k} = J^{n-k,k}$ s'identifie ici de façon naturelle à un sous-module de $H^n(E,A)$ et $i^*(H^n(E,A)) = J^{o,n}/J^{1,n-1} = J^{o,n}/J^{n-k,k}$ est le quotient de $H^n(E,A)$ par ce sous-module. Soit f^* l'homomorphisme de $E_k^{k,n-k}$ dans $H^n(E,A)$ qui résulte de la projection de $E_k^{k,n-k}$ sur $E_*^{k,n-k}$ et de l'inclusion de ce dernier dans $H^n(E,A)$. Il est clair que la suite suivante est exacte

$$\xrightarrow{g^*} H^n(E,A) \xrightarrow{i^*} H^n(F,A) \xrightarrow{d_k} E_k^{k,n-k+1} \xrightarrow{f^*} H^{n+1}(E,A) \xrightarrow{i^*} \;,$$

mais $E_k^{k,n-k+1} = h \otimes H^{n-k+1}(F,A)$. Soit u l'isomorphisme évident de $H^{n-k+1}(F,A)$ sur $E_k^{k,n-k+1}$; si l'on pose $g^* = u^{-1} \circ d_k$, $j^* = f^* \circ u$, et si l'on remplace dans la suite précédente $E_k^{k,n-k+1}$ par $H^{n-k+1}(F,A)$ on obtient la suite de l'énoncé, qui est donc exacte.

<u>Remarque</u>. On vérifie facilement que l'homomorphisme $g^* : H(F,A) \longrightarrow H(F,A)$ diminuant le degré de k-1, que nous avons défini, a la propriété multiplicative suivante :

Si k est pair : $g^*(u^p.v) = g^*(u^p).v + (-1)^p u^p.g^*(v)$.

Si k est impair : $g^*(u.v) = g^*(u).v + u.g^*(v)$.